L'AGRICULTURE

ENSEIGNÉE AUX ENFANTS

SUIVIE DE NOTIONS DE JARDINAGE,

ou

LEÇONS D'UN INSTITUTEUR A SES ÉLÈVES ;

Par M. L. FOSSEYEUX,

Inspecteur primaire,
Chevalier de la Légion-d'Honneur,
Membre correspondant de la Société d'Agriculture
de la Marne.

Deuxième édition.

Tout ce qu'on dit de trop fatigue, est rebutant ;
L'élève en vain l'apprend, il l'oublie à l'instant.

PARIS,

Fd TANDOU & Cie, LIBRAIRES-ÉDITEURS,
Rue des Ecoles, 78.

TROYES,
Ch. BERTRAND,
LIBRAIRE-ÉDITEUR,
Succr d'ANNER-ANDRÉ.

AUXERRE,
Charles GALLOT,
Imprimeur-Libraire.

1864.

L'AGRICULTURE

ENSEIGNÉE AUX ENFANTS

SUIVIE DE NOTIONS DE JARDINAGE,

ou

LEÇONS D'UN INSTITUTEUR A SES ÉLÈVES ;

Par M. L. FOSSEYEUX,

Inspecteur primaire,
Chevalier de la Légion-d'Honneur,
Membre correspondant de la Société d'Agriculture
de la Marne.

Deuxième édition.

Tout ce qu'on dit de trop fatigue, est rebutant ;
L'élève en vain l'apprend, il l'oublie à l'instant.

PARIS,

Fᵈ TANDOU & Cˡᵉ, LIBRAIRES-ÉDITEURS,
Rue des Ecoles, 78.

TROYES,
Ch. BERTRAND,
LIBRAIRE-ÉDITEUR,
Succ' d'ANNER-ANDRÉ.

AUXERRE,
Charles GALLOT,
Imprimeur-Libraire.

1864.

Tout exemplaire non revêtu de la signature ci-dessous sera réputé contrefait.

UN MOT SUR CETTE NOUVELLE ÉDITION.

S'il importe d'enseigner l'agriculture aux élèves des écoles rurales, il est utile aussi de leur apprendre à soigner un jardin, à y cultiver les légumes nécessaires à la consommation de la maison.

C'est là ce que nous nous sommes proposé en ajoutant à cet opuscule quelques leçons destinées à les initier à la pratique du jardinage, et à leur donner le goût de ce genre de travail.

Nous nous sommes borné à tout ce qu'il y a de plus simple et de plus usuel, à ce qui peut être bien compris et exécuté par des jeunes gens doués de quelque intelligence et animés d'un peu de bonne volonté.

Nous avons dû conserver la forme de

leçons comme la plus convenable pour guider le maître, comme la plus propre à intéresser les élèves, et la plus conforme aux principes d'une bonne méthode d'enseignement.

Nous ne nous flattons pas d'avoir mieux fait que d'autres. Chacun, en pareil cas, cherche toujours à bien faire. Tout ce que nous désirons, c'est de mériter les suffrages et les encouragements des personnes les plus compétentes et les mieux placées pour juger.

Nous avons profité de cette nouvelle édition pour modifier quelques chapitres de la première. Nous avons tenu compte des conseils qu'ont bien voulu nous donner des praticiens habiles que nous avons consultés. Nous leur offrons ici l'expression de nos sincères remercîments.

L. F.

CHAPITRE PREMIER.

DU SOL.

Première Leçon.

Composition du sol.

La terre, mes enfants, n'offre pas partout le même degré de fertilité. Cela tient à ce que les substances qui constituent le sol, c'est-à-dire la couche supérieure que nous cultivons, ne sont pas partout les mêmes, ou plutôt à ce qu'elles ne sont pas mélangées dans les mêmes proportions.

Ces substances sont assez nombreuses; mais il vous suffira de connaître les quatre principales, savoir : la *silice*, l'*argile*, le *calcaire* et l'*humus*.

Silice. — La silice est une substance sableuse, produite par le silex ou caillou pulvérisé. Si vous la pressez entre les doigts, vous sentez une légère résistance; si vous jetez dessus un peu d'eau, vous voyez que ce liquide la traverse sans l'amollir et sans la délayer. On la désigne souvent sous le nom de *sable*.

Argile. — L'argile est une terre grasse, formant, à l'état humide, une pâte molle et liante. Elle absorbe et retient l'eau, se fendille en se desséchant, se durcit au feu et s'attache fortement à la langue. On l'emploie à la fabrication de la tuile, de la brique et de la poterie.

Calcaire. — Le calcaire est une matière terreuse, à teinte blanchâtre, produite par la pierre à chaux ou *carbonate de chaux*. Vous le reconnaîtrez à une sorte de bouillonnement qui se manifeste, quand on jette quelques gouttes de vinaigre sur un morceau de terre où cette substance domine.

Ces trois substances, mes enfants, la silice, l'argile et le calcaire, sont dites substances *minérales*. Elles proviennent de la décomposition lente et insensible de pierres, de roches, opérée à la surface du globe par l'action de l'air et par l'effet des pluies, des gelées, des labours et de plusieurs autres causes.

Humus. — L'humus est le résidu de matières animales et végétales transformées par la décomposition en une substance noirâtre qui est introduite dans le sol par les engrais. C'est le plus riche élément de sa fertilité. On l'appelle aussi *terreau*.

On désigne sous le nom de *tourbe* une sorte d'humus formé des débris de plantes qui croissent et se décomposent dans des lieux aquatiques et marécageux. Sa couleur est d'un noir foncé.

Voilà, mes enfants, les principales substances dont le mélange compose la *terre végétale*, c'est-à-dire la couche de terre où nous voyons les végétaux naître, croître et se reproduire. Les autres n'y entrant que dans de faibles proportions, je ne crois pas devoir vous en parler.

QUESTIONNAIRE.

Pourquoi la terre n'offre-t-elle pas partout le même degré de fertilité?

Qu'est-ce que le sol?

Quelles sont les principales substances dont il se compose?

Qu'est-ce que la silice?

Qu'est-ce que l'argile?

Qu'est-ce que le calcaire?

Comment nomme-t-on ces trois substances?

Qu'est-ce que l'humus?

Qu'est-ce que le terreau?

Qu'est-ce que la tourbe?

Qu'appelle-t-on terre végétale?

Deuxième Leçon.

—

Espèces de sols.

Je vous ai dit, mes enfants, les principales substances minérales qui entrent dans la composition du sol. Ces substances, à elles seules, ne sauraient former une terre végétale; il faut qu'elles soient mélangées ensemble et unies à l'humus dans certaines proportions.

Ce sont les proportions de ce mélange qui constituent l'espèce et la qualité du terrain. Le meilleur est celui qui contient la même quantité de silice, d'argile et de calcaire, avec environ un douzième d'humus. C'est ce qu'on appelle une *terre franche*.

En général, selon que l'un des trois premiers éléments y domine, le sol est dit *siliceux, argileux, calcaire*. Chacun de ces terrains, mes enfants, a ses avantages et ses inconvénients qu'il vous importe de connaître.

Sol siliceux. — Le sol siliceux ou sablonneux est sec, léger, d'une culture facile, pénétrable à l'eau, à l'air et à la chaleur.

Ce sol, ordinairement aride et ingrat, ne produit que de maigres récoltes de seigle ou de sarrazin.

Mais s'il renferme un peu plus d'argile, cette substance modifie sa nature; il prend plus de consistance, il devient plus frais et plus fertile. On dit alors qu'il est *silico-argileux*.

Sol argileux. — Le sol argileux a la propriété de retenir l'eau, qui y entretient une humidité favorable à la végétation; il conserve assez long-temps les principes fertilisants des engrais, et il est en général d'un bon rapport.

Mais l'excès d'argile le rend compacte, tenace et difficile à travailler. Vous le voyez tantôt se tasser ou se détremper par la surabondance des pluies; tantôt se durcir, se crevasser sous l'action de la chaleur. Les racines des plantes y sont tour à tour noyées ou desséchées, et les récoltes y ont souvent à souffrir. Ces terres, appelées *terres fortes*, sont désignées sous le nom de terres *froides et humides* quand les eaux n'y ont pas d'écoulement.

S'il y a un peu moins d'argile et un peu plus de silice ou de calcaire, le terrain devient plus meuble, plus perméable, et en même temps plus productif. Il est dit alors *argilo-siliceux* ou *argilo-calcaire*.

Sol calcaire. — Le sol calcaire est léger et friable, avide d'eau et d'engrais : vous le distinguerez à sa teinte blanchâtre. La pluie le rend gras et pâteux ; la sécheresse le réduit en poussière ; la gelée soulève sa couche superficielle et déracine les jeunes plantes.

Ce sol est sec, brûlant, et d'autant plus maigre qu'il contient plus de calcaire. Il y a même des contrées où il est tout-à-fait stérile.

Mais à mesure que la portion d'argile augmente, il s'améliore et finit par acquérir un haut degré de fertilité.

Sol tourbeux. — Le sol tourbeux, formé principalement de débris végétaux réduits en matière terreuse, est humide, spongieux, d'une couleur noirâtre. L'excès de l'eau nuit à sa culture. Il faut qu'il soit assaini, desséché, et soumis à l'action des engrais. Dans ce cas, il produit de bonnes récoltes de chanvre, d'orge, d'avoine, et convient même au jardinage.

Telles sont, mes enfants, avec leurs avantages et leurs inconvénients, les différentes espèces de sols dont vous aurez à vous occuper, et que vous saurez, j'espère, parfaitement distinguer.

QUESTIONNAIRE.

Les substances minérales dont se compose le sol peuvent-elles à elles seules former une terre végétale ?

Qu'est-ce qui constitue l'espèce et la qualité du terrain ?

Comment les substances doivent-elles être mélangées pour faire une bonne terre ?

Qu'est-ce que le sol siliceux ? — Quels en sont les avantages et les inconvénients ?

Qu'est-ce que le sol argileux ? — Quels en sont les avantages et les inconvénients ?

Qu'est-ce que le sol calcaire ? — Quels en sont les avantages et les inconvénients ?

Qu'appelle-t-on sol silico-argileux, argilo-siliceux, argilo-calcaire ?

Qu'est-ce que le sol tourbeux ? — Quels en sont les avantages et les inconvénients ?

CHAPITRE DEUXIÈME.

SOUS-SOL ET VÉGÉTATION.

Troisième Leçon.

Sous-sol.

Vous savez, mes enfants, que le sol est la couche supérieure du terrain, la partie que nous cultivons. Immédiatement au-dessous vient une seconde couche appelée *sous-sol,* et qui, selon sa nature, influe essentiellement sur la qualité du sol.

Ainsi, supposons un sol siliceux ou calcaire, avec un sous-sol argileux. Celui-ci retient l'eau qui s'écoule goutte à goutte et empêche que le sol ne soit aussi tôt desséché.

Si, au contraire, le sous-sol est siliceux ou calcaire, il livre passage à l'eau, le sol se dessèche, et les plantes y réussissent difficilement.

Soit maintenant un sol argileux reposant sur un lit également argileux : l'eau retenue par cette double couche d'argile n'a pas d'issue, elle séjourne dans le sol, qui se trouve ainsi noyé et refroidi.

Si, dans le même cas, le sous-sol devient siliceux ou calcaire, il facilite l'écoulement de l'eau. Cet écoulement s'opère lentement et de manière à entretenir dans le sol une humidité favorable à la végétation.

De plus, le sous-sol nous permet quelquefois de corriger les défauts du sol par le mélange d'une terre de nature différente qu'on ramène à la surface au moyen de labours plus ou moins profonds.

Vous voyez donc, mes enfants, que la qualité d'un terrain ne tient pas moins au sous-sol qu'au sol lui-même. Pour vous bien faire comprendre les principes d'une bonne culture, j'ai besoin de vous dire quelques mots de la végétation.

QUESTIONNAIRE.

Qu'est-ce que le sous-sol? — Peut-il influer sur la qualité du sol?

Qu'arrive-t-il quand le sol est siliceux ou calcaire, et le sous-sol argileux?

Qu'arrive-t-il si le sol et le sous-sol sont tous deux siliceux ou calcaires?

Qu'arrive-t-il si le sol et le sous-sol sont tous deux argileux?

Qu'arrive-t-il si le sol est argileux, et le sous-sol siliceux ou calcaire?

Le sous-sol ne permet-il pas quelquefois de corriger les défauts du sol?

Quatrième Leçon.

—

Végétation.

Vous ne vous doutez peut-être pas, mes enfants, que les plantes vivent, pour ainsi dire, comme les animaux, c'est-à-dire qu'elles naissent, croissent et se reproduisent. Ce phénomène, qui a lieu tous les jours sous vos yeux, est connu sous le nom de *végétation*.

1*

La végétation s'accomplit sous l'influence de l'air, de la chaleur et de l'eau ou de l'humidité; elle comprend la germination, la nutrition et la reproduction. Je ne puis vous donner ici, mes enfants, qu'une idée générale de ces phénomènes.

Germination. — La germination est le travail de la nature qui fait qu'une graine étant mise en terre, *l'embryon* ou germe qu'elle contient se développe et produit une jeune plante. Voici en quoi consiste ce travail :

La graine, gonflée par la chaleur et par l'humidité, rompt son enveloppe et livre passage à l'embryon d'où s'échappent la petite racine nommée *radicule* et la petite tige nommée *plumule*. Une partie de cette graine se trouve alors convertie en suc laiteux.

La radicule, alimentée d'abord par ce suc, s'allonge en filets minces et déliés et plonge dans le sol, en même temps que la plumule tend à s'élever à la surface, où elle ne tarde pas à s'épanouir en feuilles.

Nutrition. — Parvenue à ce degré de développement, la plante emprunte à la terre, par ses racines, et à l'atmosphère, par ses feuilles, les principes nutritifs qui lui sont nécessaires ; ce sont des gaz qui entrent dans la composition de l'air, de l'eau, ou des substances qui sont à l'état de combinaison dans les engrais et dans quelques matières minérales. Voici ce qui se passe alors :

Ces substances, tenues en dissolution dans l'eau qui provient de l'humidité du sol, sont absorbées avec le liquide par les racines, et s'élèvent jusqu'aux feuilles, déjà tout imprégnées du gaz qu'elles aspirent dans l'air.

Là, par l'action de ce gaz, le liquide s'élabore, se vivifie, puis revient des feuilles aux racines, et, dans ce mouvement circulatoire, il dépose parmi les tissus fibreux qu'il traverse un suc nutritif qui s'épaissit, se solidifie et contribue à l'accroissement de la plante. Ce suc, qui entretient la vie dans les végétaux, se nomme *sève.*

Reproduction. — Bientôt il s'opère dans la plante un nouveau travail par suite duquel la graine se reproduit. La fleur paraît, contenant, entre autres parties essentielles, les *étamines,* organes mâles, et le *pistil,* organe femelle.

Les étamines sont de petits filets qui entourent le pistil et dont l'extrémité supérieure, appelée *anthère*, est chargée d'une sorte de poussière dite *pollen*.

Le pistil est placé au centre de la fleur, un peu au-dessous des étamines, et se termine, à sa partie inférieure, par une petite cavité dite *ovaire*, qui renferme les éléments de la graine ou *ovules*.

A un moment donné, le pollen tombe sur la partie supérieure du pistil, le *stigmate*, descend jusqu'à l'ovaire, où il féconde les ovules qui se changent alors en petits corps laiteux. Ces petits corps grossissent peu à peu et forment la graine. L'ovaire, dans certains végétaux, se convertit en fruit, et l'ovule en graine ou *pépin*.

C'est ainsi, mes enfants, que s'opère en général le travail de la reproduction des végétaux. Je n'entrerai pas avec vous dans d'autres détails.

Vous voyez que, grâce à la sagesse de la Providence, tout est disposé dans la structure des plantes pour en assurer le développement. N'oubliez pas que c'est de l'air et du sol qu'elles tirent leur nourriture. Quand les tiges sont tendres et les feuilles vertes, elles empruntent beaucoup plus à l'air qu'à la terre. Le contraire a lieu quand les tiges sont dures et les feuilles sèches. C'est ce qui fait que dans le premier cas elles enrichissent le sol, tandis que dans le second elles l'appauvrissent.

Retenez bien ce principe; vous verrez quelle conséquence nous aurons à en tirer.

QUESTIONNAIRE.

Qu'est-ce que la végétation ?

Comment s'accomplit-elle ?

Qu'est-ce que la germination ?

Comment s'opère-t-elle ?

Qu'appelle-t-on embryon, radicule, plumule ?

Qu'est-ce que la nutrition ?

Comment s'opère-t-elle ?

Qu'est-ce que la sève ?

Qu'est-ce que la reproduction ?

Qu'appelle-t-on étamines, pistil ?

Comment s'opère le travail de la reproduction ?

Qu'appelle-t-on ovaire, ovules ?

D'où les plantes tirent-elles leur nourriture ?

Quand enrichissent-elles, ou appauvrissent-elles le sol ?

CHAPITRE TROISIÈME.

AMENDEMENTS.

Cinquième Leçon.

Amendements modifiants.

Le sol, mes enfants, est, selon sa nature, plus ou moins favorable à la végétation des plantes. Il exige souvent qu'on le modifie, qu'on l'améliore en y ajoutant ce qui lui manque. Les substances propres à produire ces améliorations s'appellent *amendements,* nom qu'on donne aussi aux travaux effectués dans le même but, tels que le drainage, les labours, etc.

Il y a deux sortes d'amendements : les amendements modifiants, les amendements stimulants, composés, les uns et les autres, principalement de matières minérales. Quelques-uns étant à la fois modifiants et stimulants, sont dits amendements *mixtes.*

Amendements modifiants. — Les amendements modifiants sont des substances argileuses, siliceuses ou sableuses qu'on ajoute au sol pour en corriger les défauts et pour le rendre plus ou moins sensible à l'action de l'air, de la chaleur et de l'eau.

Les substances argileuses conviennent au terrain où il y a excès de silice ou de calcaire; elles le raffermissent, lui donnent plus de consistance, y entretiennent de la fraicheur et l'empêchent de se dessécher aussi promptement.

Les substances siliceuses ou sableuses, au contraire, conviennent au sol où l'argile prédomine; elles le divisent, diminuent sa ténacité, et le rendent plus perméable, plus meuble et plus productif.

Mais ces amendements, ou plutôt ces mélanges, ne peuvent s'opérer en grand, en raison des frais qu'occasionnerait le transport des terres; ils ne sont guère praticables que d'une seule manière et dans un seul cas, c'est-à-dire au moyen des labours, quand la terre du sous-sol est de nature à modifier celle du sol.

Vous creusez alors des sillons de manière à ramener à la surface ce qu'il faut de terre pour que le mélange ait lieu dans les proportions voulues. Seulement vous ne vous apercevez de l'effet de cet amendement qu'après plusieurs labours successifs, quand la terre mélangée a subi l'influence de l'air et de la chaleur.

Les terres froides et argileuses, les sols marécageux ont surtout besoin d'être assainis, c'est-à-dire débarrassés de l'excès d'humidité qui nuit à la végétation. Ce que vous avez de mieux à faire dans ce cas, s'il y a un peu de pente, c'est d'employer le drainage.

Drainage. — Le drainage consiste à ouvrir dans le sol une série de tranchées très-étroites, d'environ un mètre de profondeur, au fond desquelles on dispose bout à bout des tuyaux en terre cuite appelés *drains*, qu'on recouvre avec la terre provenant des tranchées.

L'eau dont le sol est chargé arrive par infiltration à ces tuyaux, s'y introduit à travers les joints qui sont à leurs extrémités, s'écoule et aboutit à des tuyaux plus gros qui l'amènent aux points les plus inclinés du terrain dans des fossés destinés à l'absorber.

Je ne vous donnerai pas, mes enfants, d'autre explication sur le drainage. Il ne peut être exécuté que sous la direction d'un homme qui ait l'habitude de ces sortes de travaux. Je me contenterai de vous le signaler comme essentiellement utile. Il nécessite des frais, il est vrai, mais ces frais sont largement compensés par la bonification du terrain et par l'augmentation de ses produits. Gardez-vous donc de reculer devant un léger sacrifice.

Irrigation. — La sécheresse n'est pas moins nuisible aux plantes que l'excès d'humidité. Certaines propriétés doubleraient de valeur si elles étaient quelquefois arrosées; mais l'irrigation n'y est possible qu'autant qu'elles sont situées au-dessous d'un réservoir, d'une source ou d'un ruisseau. Vous ne devrez donc rien négliger, en pareille circonstance, pour y amener l'eau par des rigoles ou par des fossés de dérivation.

QUESTIONNAIRE.

Qu'appelle-t-on amendements?

Combien y en a-t-il de sortes?

Qu'appelle-t-on amendements modifiants?

Comment agissent les amendements modifiants?

Les amendements modifiants sont-ils toujours praticables?

Dans quels cas sont-ils possibles?

Quel est le meilleur amendement des terres froides et humides?

En quoi consiste le drainage?

Comment se pratique-t-il?

Quels en sont les avantages?

Qu'entend-on par irrigation?

Quelle en est l'utilité?

L'irrigation est-elle toujours possible?

Sixième Leçon.

—

Amendements stimulants.

—

CHAUX.

Les amendements stimulants, mes enfants, sont des substances qui servent principalement à favoriser la dissolution des principes fertilisants contenus dans le sol, et à rendre la végétation plus active et plus riche.

Les substances qui jouissent de ces propriétés sont la chaux, la marne, les plâtras, les cendres, la suie, etc. Quelques-unes servant aussi à modifier le sol, sont considérées comme amendements mixtes.

Chaux. — La chaux est une pierre calcaire qu'on a soumise à une forte chaleur pour la cuire, et qui, à l'air, et surtout à l'humidité, se délite, c'est-à-dire se réduit en poussière. Elle convient plus particulièrement aux terrains qui manquent de calcaire.

Répandue sur des terres froides et argileuses, elle les divise, les ameublit en même temps qu'elle y favorise l'action des engrais. Employée sur des terres légères et siliceuses, elle y produit aussi ce dernier effet, tout en leur donnant plus de liant et plus de consistance.

Sur un sol tourbeux, elle active la décomposition des débris végétaux, corrige l'acidité de l'humus, le féconde, le vivifie, et y développe, s'il a été bien desséché, les éléments d'une grande fertilité.

Enfin elle contribue à détruire les mauvaises herbes, les insectes nuisibles, à préserver l'épi du charbon, de la carie, et à donner au grain plus de poids et de qualité.

Mais, malgré ces bons effets, la chaux, mes enfants, ne vous dispense pas d'engrais. Elle épuiserait bientôt votre terre si vous ne preniez soin d'y entretenir, par le fumier, les principes fertilisants de l'humus. Si, au contraire, vous savez employer l'un et l'autre à propos, vous gagnerez du côté de la récolte et sous le rapport du fonds.

Avant de faire usage de la chaux, il vous importe d'en déterminer la dose. Vous devez pour cela avoir égard à sa qualité, à sa durée, et surtout à la nature du terrain.

Une chaux grasse est plus active qu'une chaux maigre; il en faut moins. Il en faut davantage si, au lieu de durer trois ans, elle doit durer six ans. Enfin, il en faudra plus dans les terrains froids et argileux, sur un sol humide et tourbeux que dans les terrains légers et siliceux. On ne donne guère à ces derniers que la moitié, le tiers de ce qu'on donne aux autres. En général, il n'en faut pas moins de 40 à 50 hectolitres par hectare tous les quatre ou cinq ans, avec une bonne fumure entre chaque période.

La manière d'employer la chaux varie un peu. Les uns la répandent en poudre, d'autres la mélangent avec deux ou trois fois son volume de terre. Voici, à mon avis, le meilleur procédé :

Après un premier labour, vous la disposez en petits tas sur le sol, et vous la recouvrez de terre. L'humidité la fait gonfler : elle se délite; il se forme dans les tas des fissures que vous avez soin de remplir pour empêcher l'évaporation. Aussitôt que vous la jugez à peu près réduite en poussière, vous remuez le tout pour opérer le mélange, puis vous la distribuez le plus également possible par un temps sec, et vous l'enterrez par un labour peu profond.

Cette opération s'exécute ordinairement à la fin de l'hiver, ou dans le courant de l'été, selon qu'on veut semer au printemps ou à l'automne.

Malgré les avantages de cet amendement, il est encore bien des contrées où on n'en fait pas usage, et cela par raison d'économie. La chaux coûte un peu, il est vrai, mais la récolte y gagne; d'ailleurs, là où la pierre calcaire abonde, et là surtout où le bois est commun, il serait facile d'en réduire le prix; il suffirait de la fabriquer sur place.

QUESTIONNAIRE.

Qu'entend-on par amendements stimulants?

Quels sont ces amendements?

Qu'est-ce que la chaux?

A quels sols convient-elle?

Quel effet produit-elle sur les sols argileux, sur les sols légers et siliceux?

La chaux dispense-t-elle du fumier?

Que faut-il considérer pour l'emploi de la chaux?

Combien en faut-il à peu près par hectare?

Quand et comment doit-on l'employer?

Fait-on généralement usage de la chaux?

Septième Leçon.

—

Amendements stimulants.

—

MARNE, PLATRE, PLATRAS, CENDRES.

Marne. — La marne, mes enfants, s'emploie plus communément que la chaux. C'est une substance terreuse composée de calcaire, d'argile et de silice ou sable; elle a la propriété de se déliter à l'air ou dans l'eau, et de faire effervescence dans du fort vinaigre. On l'extrait de la terre, où elle se trouve quelquefois à la base du sous-sol.

Cette substance, selon l'élément qui domine dans sa composition, est dite marne calcaire, marne argileuse, ou marne siliceuse. La meilleure est la marne calcaire : c'est la plus riche en carbonate de chaux.

La marne, en raison de la chaux qu'elle renferme, agit comme amendement stimulant; elle agit aussi comme amendement modifiant, en ce qu'elle ameublit les terres compactes et qu'elle resserre et affermit les plus meubles. C'est donc, comme la chaux, un amendement mixte. Il faut savoir l'approprier à la nature du sol.

Si vous avez à amender un sol froid argileux, choisissez la marne calcaire; si c'est un sol siliceux, prenez de la marne argileuse. La marne siliceuse convient aux sols argilo-calcaires d'une culture difficile. Quant à ceux où domine le calcaire, ils n'en veulent d'aucune espèce.

La marne, soit argileuse, soit siliceuse, sert, à défaut d'autre, là où on en a besoin, et, comme la chaux, elle exige des engrais et un terrain bien assaini. Voici, en général, comment elle s'emploie :

Vous la déposez en petits tas dans les champs sur la fin de l'automne; elle y reste une partie de l'hiver, se ressuie, se réduit en poussière sous l'action de l'air, de la gelée et des pluies. Au printemps, vous la répandez sur le sol; puis vous y faites passer la herse ou le rouleau pour écraser les morceaux qui ne sont pas pulvérisés, et, quelques jours après, vous l'enterrez par un léger labour. Elle ne produit son effet qu'au bout de deux ou trois ans. Il y a des contrées où l'on marne en toute saison.

Un marnage fait dans de bonnes conditions dure long-temps. Il est des terres où on ne le renouvelle que tous les dix ou douze ans, et à une dose beaucoup moins forte que la première.

Je ne vous préciserai pas cette dose : elle dépend de la qualité de la marne, des frais de transport, de la nature du terrain et de la profondeur des labours. On en met de 50 à 60 mètres cubes par hectare, quelquefois plus, mais rarement moins. C'est l'usage et l'expérience qu'il faut consulter.

Plâtras. — Un amendement non moins efficace, que je vous recommande à l'occasion, ce sont les plâtras, ou débris de démolitions. Cet amendement, formé d'un mélange d'argile, de sable, de chaux et de plâtre, agit à la fois comme stimulant et comme modifiant. Comme stimulant, il est très-actif et convient surtout aux terres froides et argileuses. On s'en sert avec succès pour améliorer de mauvaises prairies.

Il en est de même des boues recueillies sur les routes entretenues avec des pierres calcaires, des terres provenant des fossés qui les bordent, et même des balayures des rues; ces matières sont d'excellents amendements que vous ferez bien de ne pas dédaigner, quand vous les aurez sous la main.

Plâtre. — Le plâtre est un stimulant des plus actifs; il convient aux plantes fourragères et légumineuses; seulement on remarque que les légumes plâtrés cuisent plus difficilement que les autres.

Il s'emploie cuit ou cru, mais toujours pulvérisé dans la proportion d'environ 2 à 3 hectolitres par hectare. On le sème à la volée, à la fin d'avril ou au commencement de mai, quand les plantes couvrent déjà le sol de leurs feuilles. On choisit à cet effet le moment où il y a un peu de rosée.

Cet amendement réussit sur toute espèce de terre, pourvu qu'elle ne soit pas trop humide, et qu'elle ait été convenablement fumée.

Cendres. — Les cendres sont, comme la chaux, un stimulant énergique, très-efficace sur un sol argileux préparé pour des céréales, ou sur une terre légère un peu fraîche, destinée aux plantes légumineuses. Elles sont favorables aux prairies artificielles comme aux prairies naturelles un peu humides, où elles détruisent les mousses, les joncs, etc. Enfin le colza, le chanvre, la navette se trouvent fort bien de leur effet.

On les répand, comme le plâtre, à la volée, au moment de la semaille, quelquefois mélangées avec un peu de terre. On les enfouit en même temps que le grain, avec la herse ou avec la charrue. On les sème au printemps sur les prairies, sur les céréales et sur certaines cultures de cette saison.

L'effet des cendres, mes enfants, dure plusieurs années; on prétend qu'elles valent mieux que le plâtre. Je vous conseille d'en essayer. Vous en ferez à l'avance une petite provision; vous conserverez surtout celles qui ont servi à la lessive : elles sont, dit-on, meilleures que les autres.

On fait aussi usage des cendres de tourbe; mais elles sont moins efficaces et moins recherchées que les cendres de bois. Il en est même quelques-unes qui ne conviennent pas à certains terrains : on les distingue à leur couleur rougeâtre; elles sont plus lourdes, plus pesantes que les autres.

Suie. — Enfin, mes enfants, la suie est recommandée comme un stimulant peut-être encore plus actif que les cendres. Si vous avez un pré, une terre un peu humide, et que vous puissiez y répandre à la volée, au printemps, quelques décalitres de suie, vous serez surpris des bons effets qu'elle y produira.

QUESTIONNAIRE.

Qu'est-ce que la marne?
Combien y en a-t-il d'espèces?
Quelle est la meilleure?
Comment agit la marne?
Quelle marne exige chaque espèce de sol?
La marne suffit-elle sans engrais?
Comment l'emploie-t-on?
Combien dure-t-elle?
Combien en faut-il par hectare?
Qu'entend-on par plâtras?
Quels en sont les effets?

Quel est l'effet du plâtre?
A quelles plantes convient-il?
Comment s'emploie-t-il?
Combien en faut-il par hectare?
Quel est l'effet des cendres? — A quelles plantes conviennent-elles?
Comment les emploie-t-on?
Que doit-on penser des cendres de tourbe?
Quel est l'effet de la suie?

CHAPITRE QUATRIÈME.

ENGRAIS.

Huitième Leçon.

Engrais végétaux.

Nous avons vu, mes enfants, que les végétaux empruntent à la terre une partie des substances dont ils se nourrissent; mais ils ne tarderaient pas à l'épuiser, si on ne renouvelait ces substances par les engrais.

Les engrais servent donc à rendre à la terre ses propriétés fertiles, épuisées par la végétation.

Il y a une grande différence entre les amendements et les engrais : les amendements modifient la nature du terrain, ou stimulent l'action absorbante des plantes, tandis que les engrais communiquent au sol les principes fertilisants qui lui conviennent, en même temps qu'ils augmentent la couche de l'humus.

Nous distinguons trois espèces d'engrais : les engrais végétaux, les engrais animaux, les engrais mixtes ou composés.

Les engrais végétaux proviennent des débris des plantes qui se décomposent dans la terre ou à sa surface, et l'enrichissent des éléments qui ont servi à leur nutrition. On les désigne sous le nom d'*engrais verts,* quand ils résultent de plantes enfouies en vert, c'est-à-dire avant la formation du grain.

Les végétaux qu'on cultive pour cet usage sont : le sarrasin, la navette, le colza, etc., dans les terrains argileux ; les pois, les vesces, les fèves, etc., dans les sols légers et calcaires, où leurs tiges herbacées entretiennent un peu de fraîcheur.

On les sème ordinairement sur la fin de l'été, de manière à ce qu'à l'époque des semailles d'automne ils soient assez avancés pour engraisser le terrain. On profite pour les enterrer, autant que possible, d'une forte rosée.

Mais ces sortes d'engrais, mes enfants, sont peu actifs, et de courte durée. Vous n'y aurez recours qu'à défaut d'autres. Cependant, si vous avez un peu de fumier à y ajouter, vous en obtiendrez un bien meilleur résultat.

Les plantes qui forment les meilleurs engrais végétaux sont les plantes fourragères, telles que la luzerne, le trèfle, le sainfoin; elles engraissent le sol de leurs débris, l'enrichissent de principes fertilisants puisés dans l'air, et y font croître de riches récoltes.

Je vous citerai un autre engrais végétal moins commun, mais très-actif, connu sous le nom de *tourteaux*. Ce sont des espèces de pains formés du résidu des graines qui ont servi à la fabrication des huiles de colza, de navette, de chenevis, etc. Ces tourteaux, desséchés et pulvérisés, se sèment à la volée et s'enterrent à la herse. On les répand quelquefois imbibés de purin sur de jeunes céréales, où ils produisent un excellent effet.

On emploie aussi avec succès le marc de raisin, de pommes, de poires, etc.; mais il faut qu'il ait fermenté dans une fosse, mélangé avec un peu de chaux, et arrosé de jus de fumier. On tire le même parti des pulpes de betteraves, des résidus de brasseries, de distilleries, etc. Ce sont autant d'engrais qui ont des avantages dont vous devez profiter.

2*

QUESTIONNAIRE.

A quoi servent les engrais?

Quelle différence y a-t-il entre les engrais et les amendements?

Combien y a-t-il de sortes d'engrais?

D'où proviennent les engrais végétaux?

Qu'appelle-t-on engrais verts?

Citez quelques plantes cultivées pour cet usage.

Quand doit-on semer et enterrer ces plantes?

Les engrais verts sont-ils bien actifs?

Quels sont les meilleurs engrais végétaux?

Qu'entend-on par tourteaux?

Comment doit-on les employer?

Citez encore d'autres engrais végétaux.

Neuvième Leçon.

Engrais animaux.

Les engrais animaux sont des substances solides ou liquides provenant de matières animales de quelque nature qu'elles soient, comme la chair, les os, le sang, les urines, les matières fécales, etc. Ces substances, mes enfants, sont très-énergiques; il vous importe de savoir en tirer parti.

On a l'habitude, quand on vient à perdre un cheval ou tout autre animal, de le transporter au milieu des champs, où il se décompose en laissant échapper des exhalaisons infectes. Eh bien, c'est autant de perdu pour le propriétaire. Ces exhalaisons, ces principes délétères, s'ils étaient fixés, concentrés sur une portion du sol, y deviendraient des éléments de fertilité. Voici comment vous devez procéder en pareil cas :

Vous dépecez l'animal; vous faites les morceaux très-petits, et vous les disposez par lits successifs de feuilles ou de paille, de chair et de chaux, dans une fosse plus ou moins profonde; vous recouvrez le tout de terre. Au bout de quelques mois vous bouleversez la fosse. Vous mélangez les matières qui sont alors décomposées, et vous avez ainsi un excellent engrais.

Os. — Les os s'emploient crus ou calcinés, c'est-à-dire brûlés, mais broyés et réduits en poudre; on jette cette poudre sur les plantes nouvellement levées, dans la proportion de trois à quatre fois la graine. Quelquefois on la délaye dans moitié de son poids d'huile de vitriol, *acide sulfurique,* étendue de deux à trois fois la même quantité d'eau. Puis on verse sur le mélange 30 à 40 fois son volume de ce liquide, et on se sert du tout pour arroser.

Cet engrais convient surtout dans les terrains argileux pour la culture du froment.

On fabrique, avec les os calcinés, une substance nommée *noir animal*, employée dans les raffineries pour décolorer les liquides et pour donner au sucre sa blancheur. Cette substance acquiert, dans l'opération, de nouvelles propriétés fertilisantes qui en font un engrais précieux pour les terres nouvellement défrichées, pour les sols froids et humides. Le noir animal ne se trouve que dans le commerce.

Sang. — Il y a plusieurs manières d'employer le sang. Tantôt on le fait sécher et durcir au feu, puis on le réduit en poudre, et on le conserve en lieu sec jusqu'au moment de s'en servir. On le répand à la volée.

Tantôt on le mélange avec cinq ou six fois son volume de bonne terre qu'on soumet à une forte chaleur. On remue, on pulvérise ce mélange, on le saupoudre de plâtre ou de poussière de charbon, et on le répand aussi à la volée, soit au moment de la semaille, soit au printemps, sur les froments d'automne. Cette espèce d'engrais est assez rare ; ce n'est qu'aux portes des grandes villes, auprès des abattoirs, qu'on peut se le procurer.

Matières fécales. — Les matières fécales ou excréments humains, sont, comme engrais, tout ce qu'il y a de plus actif, et cependant ce sont ceux auxquels on tient le moins à cause de leur mauvaise odeur. Que cet inconvénient, mes enfants, ne vous empêche pas de les utiliser. Il est d'ailleurs facile d'en atténuer l'effet : il suffit de jeter sur ces matières un peu de plâtre ou de charbon en poudre.

Au sortir des fosses d'aisances, vous les conduisez au lieu qui leur est destiné; vous les déposez dans des trous plutôt larges que profonds, à 7 et 8 mètres de distance. Vous y ajoutez une certaine quantité d'eau, et vous les distribuez sur le sol, que vous ensemencez ensuite; vous pouvez même les répandre sur de jeunes plantes.

On les laisse aussi se dessécher, puis quand elles sont à l'état solide, on les réduit en poudre, et on obtient ainsi la poudrette, assez connue pour ses bons effets; mais la préparation en est difficile. Ces matières, d'ailleurs, valent mieux à l'état liquide, surtout dans les terrains légers et substantiels. La poudrette est préférable pour les sols argileux, où on la sème à la volée sur les jeunes céréales.

Urine. — L'urine humaine a une puissance fertilisante des plus énergiques. Gardez-vous de la laisser perdre ; recueillez-la dans des baquets, et conservez-la avec soin dans une fosse pour arroser les sols légers, sablonneux ou calcaires, seulement vous devrez l'étendre de trois ou quatre fois son volume 'd'eau, et n'exécuter l'arrosage que par un temps couvert ou pluvieux.

Colombine. — La colombine, ou fiente de pigeon et de poule, est douée d'une puissante énergie : aussi produit-elle un effet merveilleux sur les récoltes dans les terrains froids et argileux. On la répand à l'état de poudre, par un temps un peu humide, tantôt sans l'enterrer, tantôt en la recouvrant d'un léger coup de herse.

Guano. — Le guano tient un peu de la colombine ; c'est un engrais pulvérulent formé de débris et d'excréments d'oiseaux, accumulés depuis des siècles dans certaines contrées maritimes. Il se vend dans le commerce ; seulement il n'est pas toujours bien pur.

Cet engrais convient aux céréales, aux prairies naturelles ou artificielles, aux betteraves, aux pommes de terre et à la plupart des cultures; mais comme il est très-actif, il demande à être employé avec réserve.

On le répand à la volée soit sur les jeunes céréales, au printemps, soit sur les terres préparées pour les semailles d'automne, où on le recouvre d'un coup de herse. On en met environ 300 à 350 kilogrammes par hectare. Il agit rapidement, mais son effet dure peu; il a besoin d'être renouvelé souvent ou d'être suivi de fumier.

On emploie aussi avec succès, comme engrais, les chiffons de laine, les rognures de vieux cuirs, les cornes, les sabots des animaux, etc.; tous ces débris, divisés en petits morceaux et humectés de purin, sont enfouis dans la terre, où ils produisent des effets remarquables.

QUESTIONNAIRE.

Qu'appelle-t-on engrais animaux?

Comment emploie-t-on la chair des animaux comme engrais?

Comment emploie-t-on les os?

Qu'est-ce que le noir animal?

Quel est son usage?

Comment emploie-t-on le sang?

Comment s'emploient les matières fécales?

Comment leur ôte-t-on leur mauvaise odeur?

Qu'est-ce que la poudrette?

Comment emploie-t-on l'urine?

Qu'est-ce que la colom-
bine?

De quelle manière s'em-
ploie-t-elle ?

Qu'est-ce que le guano ?

Comment s'emploie-t-il ?

Citez quelques autres
engrais animaux.

Dixième Leçon.

—

Engrais mixtes.

Les engrais mixtes, formés de matières animales et végétales, comprennent principalement les fumiers.

Le fumier est un mélange composé des excréments, des urines des bestiaux, enfin des pailles ou des feuilles qui leur ont servi de litière

Le fumier, mes enfants, est l'engrais par excellence; c'est le plus sûr élément de la fertilité du sol et de la richesse du cultivateur. Il vous importe de bien savoir le préparer, et surtout de l'employer à propos.

En général on ne le soigne pas comme il convient : tantôt on le jette dans une fosse où il est noyé par les eaux qui s'y perdent; tantôt on le laisse sans précaution au milieu de la cour, où il est desséché par le soleil, ou bien détrempé par les pluies. C'est là un mauvais système, je vous engage à ne pas l'adopter.

Voici ce qu'il y a de mieux à faire : vous disposez une plate-forme légèrement inclinée et, autant que possible, du côté du nord; vous l'enduisez d'argile pour prévenir toute infiltration, et vous y entassez, par couches régulières d'environ deux mètres de hauteur, le fumier sortant des écuries. Sur chaque couche vous répandez un peu de plâtre en poudre pour empêcher l'évaporation. Puis, par la sécheresse, vous l'arrosez avec le liquide qui en découle, et que vous avez soin de recueillir près de là dans une fosse imperméable. Enfin vous le recouvrez de terre pour y concentrer la fermentation et pour le préserver du dégât des volailles.

S'il reste quelques mois dans cet état, il se transforme en une matière noirâtre et compacte qui se coupe à la bêche. On le nomme alors fumier *gras* ou fumier *court*, par opposition à celui qui sort de l'écurie, qu'on appelle fumier *frais* ou fumier *long*.

Le fumier long est dit fumier chaud ou fumier froid, selon que son action est plus ou moins énergique. Ainsi le fumier de cheval, de mouton, est un fumier chaud, tandis que celui de bœuf, de vache, est un fumier froid.

Le fumier chaud convient aux terres froides et argileuses, où il agit en même temps comme amendement et comme engrais.

Le fumier froid vaut mieux pour les terrains secs et légers; il est plus liant et plus propre à y conserver la fraîcheur.

On emploie le fumier long ou le fumier court selon le genre de culture qu'on se propose.

Le fumier long, se décomposant lentement, s'applique aux plantes qui passent le plus de temps en terre, comme les céréales d'automne. Son action s'exerce d'une année à l'autre, même sur plusieurs récoltes successives.

Le fumier court étant tout décomposé, agit immédiatement et avec énergie. Il convient, sur un sol léger, aux légumes, aux plantes hâtives, telles que le chanvre, le colza, les pommes de terre, les betteraves, etc. Il ne faut pas cependant qu'il ait trop fermenté; ses propriétés seraient moins actives.

On fume en général à deux époques principales de l'année : pour les semailles de printemps ou pour celles d'automne, à la sortie de l'hiver ou vers la fin de l'été. Mais, à quelque époque que vous fumiez, ayez soin d'enterrer immédiatement votre fumier, et ne le laissez pas, comme cela se voit trop souvent, exposé aux effets de l'évaporation qui en affaiblit les propriétés. J'en excepte toutefois le cas où vous le répandrez en couverture.

N'attendez pas que les fumiers encombrent votre cour, ou qu'ils soient entièrement consommés. Profitez, pour les conduire dans les champs, du moment où vous pourrez les enfouir aussitôt. A cette condition, les terres fortes et compactes gagneront à les recevoir à l'état frais et pailleux long-temps même avant l'ensemencement.

Il n'en est pas ainsi des terres légères : les engrais s'y décomposent rapidement au préjudice même de la couche d'humus. Il vaut mieux ne les fumer que la veille des semailles, à moins cependant que le fumier, une fois enterré, vous ne rouliez fortement le sol pour qu'il s'y conserve un peu plus de temps.

L'égoût des fumiers, joint à l'urine des bestiaux, produit un engrais liquide fort actif, et dont on fait assez peu de cas, c'est le purin : vous le voyez se perdre dans les cours, s'écouler sur la voie publique, sans qu'on songe le moins du monde à en tirer parti.

Je vous conseille, mes enfants, de le recueillir avec soin dans la fosse voisine de votre
place à fumier ; vous vous en servirez d'abord
pour arroser votre tas, et vous répandrez le
reste sur les prairies artificielles, sur les prairies naturelles et même sur les céréales ; seulement vous aurez la précaution de l'étendre
de deux ou trois fois son volume d'eau.

On le mélange quelquefois avec une certaine quantité de bonne terre. Cette terre,
bien imbibée du liquide, puis desséchée et
répandue à la volée sur de jeunes plantes, leur
communique une grande force végétative.

Le purin sert encore à faire des *composts*,
espèces d'engrais formés de différentes substances, telles que feuilles, pailles, mauvaises
herbes, boues, chaux, cendres, etc., arrosées de ce liquide, remuées, mélangées et
décomposées par la fermentation. Ces engrais,
bien appliqués, produisent de bons résultats.
Je vous conseille d'en faire l'essai.

Enfin, mes enfants, le purin, dans la fosse,
est exposé à se corrompre et à répandre une
mauvaise odeur. Vous préviendrez cet inconvénient en y jetant de temps en temps un peu
de plâtre et en remuant avec un bâton. Le
fumier, en général, est un voisinage malsain ;

vous aurez soin de l'éloigner autant que possible de votre habitation.

QUESTIONNAIRE.

Qu'appelle-t-on engrais mixtes?

Qu'est-ce que le fumier?

Comment dispose-t-on le fumier en tas?

Qu'appelle-t-on fumier gras ou fumier court?

Qu'appelle-t-on fumier frais ou fumier long?

Qu'appelle-t-on fumier chaud, fumier froid?

A quels sols conviennent le fumier chaud et le fumier froid?

Quand fait-on usage du fumier long ou du fumier court?

A quelles époques doit-on fumer chaque année?

Quand doit-on conduire le fumier dans les champs?

Pourquoi faut-il l'enterrer immédiatement?

Qu'est-ce que le purin?

Quels sont ses différents usages?

Qu'appelle-t-on composts?

Comment empêche-t-on le purin de se corrompre dans la fosse?

CHAPITRE CINQUIÈME.

INSTRUMENTS ARATOIRES. — LABOURS.

Onzième Leçon.

Instruments aratoires.

Outre les amendements et les engrais, la terre, mes enfants, exige des labours. On nomme instruments aratoires les instruments qui servent à les exécuter. Je vous parlerai seulement des principaux.

Charrue. — La charrue est le premier, le plus nécessaire des instruments aratoires. Vous la connaissez; vous la voyez fonctionner tous les jours. Je n'ai pas besoin de vous en expliquer le mécanisme. Il y en a de deux sortes : la charrue à avant-train, c'est la charrue ordinaire; la charrue sans avant-train, autrement dite araire.

Araire. — L'araire n'est que la charrue ordinaire réduite à l'arrière-train, c'est-à-dire à l'age, aux mancherons, au soc, au versoir, etc., auxquels on ajoute un régulateur. Elle est plus légère, demande moins de force de traction, seulement elle est moins facile à diriger. Elle convient pour les défrichements, surtout quand il faut labourer à fond.

Charrue fouilleuse. — La charrue fouilleuse est une espèce d'araire sans versoir. On l'emploie pour des labours très-profonds, quand on veut remuer la terre du sous-sol sans la ramener à la surface.

Buttoir. — Le buttoir est une sorte de charrue avec un double versoir dont les ailes s'écartent ou se rapprochent à volonté. On s'en sert pour butter les plantes disposées en lignes, c'est-à-dire pour relever la terre autour du pied, à l'effet de les préserver de la séche-resse et d'en favoriser l'accroissement. On l'emploie aussi pour ouvrir des raies d'écoulement à travers les terres humides.

Herse. — La herse est une sorte de châssis en forme de triangle, de losange ou de carré long, armé de dents de bois ou de fer. Elle sert à briser les mottes dans les terres fortes, à enlever les mauvaises herbes après un labour, à enfouir les graines fines, enfin à rompre au printemps la croûte du terrain et à chausser le pied des jeunes plantes.

Rouleau. — Le rouleau est un cylindre en fonte, en pierre ou en bois, et dans ce dernier cas, quelquefois garni de dents de fer. On l'emploie sur les sols compactes et argileux pour écraser les mottes, sur les sols légers et friables et pour tasser, raffermir la couche supérieure, pour y consolider les racines des plantes et pour les faire taller, c'est-à-dire pousser de nouveaux jets.

Voici, mes enfants, d'autres instruments moins en usage et que je tiens à vous faire connaître en raison de leur utilité.

Extirpateur. — L'extirpateur se compose d'un châssis triangulaire garni de petits socs plats à double tranchant disposés de manière à pénétrer plus ou moins profondément dans le sol. Il est pourvu de mancherons dont on se sert pour le diriger. Cet instrument coupe les racines des mauvaises herbes, remue et ameublit le terrain sans le retourner; mais il ne fonctionne que sur des terres légères et que pour des façons superficielles.

Scarificateur. — Le scarificateur ne diffère de l'extirpateur qu'en ce que le châssis, au lieu de socs, est garni de coutres, sorte de lames de fer solides et tranchantes, légèrement recourbées. On l'emploie sur un sol battu par les pluies ou durci par la sécheresse. Il fouille la terre, la remue sans la retourner, en même temps qu'il y détruit les plantes à racines traçantes.

Le même instrument pourrait servir comme extirpateur ou comme scarificateur, s'il était possible d'y adapter à volonté des socs ou des coutres.

Houe à cheval. — La houe à cheval ressemble à l'extirpateur; elle est plus petite; ses socs sont mobiles, c'est-à-dire s'écartent et se rapprochent à volonté; elle se dirige à l'aide de mancherons comme l'araire. Elle sert pour les différentes façons qu'exigent les plantes sarclées. C'est un instrument appelé à rendre de grands services à l'agriculture. Je ne saurais trop vous en recommander l'usage.

Pour avoir une juste idée de ces instruments, mes enfants, il faut les voir, il faut les examiner de près : rien n'est plus facile si vous le voulez bien. Venez avec moi au prochain comice agricole de notre arrondissement, nous les y trouverons exposés et je me ferai un plaisir de vous expliquer comment ils fonctionnent.

Je me dispenserai de vous parler des instruments à bras, tels que la houe, la bêche, la pioche, la binette, etc.; vous les avez journellement sous les yeux. Je n'aurais, sous ce rapport, rien à vous apprendre.

QUESTIONNAIRE.

Qu'appelle-t-on instruments aratoires ?

Qu'est-ce que la charrue, combien y en a-t-il d'espèces ?

Qu'est-ce que l'araire ? Quel est son usage ?

Qu'est-ce que la charrue fouilleuse ?

Qu'est-ce que le buttoir ? Quel en est l'usage ?

Qu'est-ce que la herse ? A quoi sert-elle ?

Qu'est-ce que le rouleau ? A quoi sert-il ?

Qu'est-ce que l'extirpateur ?

Qu'est-ce que le scarificateur ?

Qu'est-ce que la houe à cheval ?

Indiquez l'usage de ces instruments.

3*

Douzième Leçon.

—

Labours.

Nous voici, mes enfants, arrivés aux labours : c'est l'amendement par excellence, c'est l'opération la plus importante de l'agriculture.

Les labours ont pour objet d'ameublir le sol, d'en mélanger les différentes parties, de les exposer à l'action vivifiante de l'air, de la chaleur, de l'humidité, de déraciner les mauvaises; enfin, d'enfouir les engrais et les semences.

Nous les diviserons en trois classes :

Les labours préparatoires;

Les labours d'ensemencement;

Les labours d'entretien ou binages.

Labours préparatoires. — Les labours préparatoires servent à façonner la terre après les récoltes, et à la préparer à recevoir la semence qui doit en produire de nouvelles. Il y a des labours préparatoires pour les semailles d'automne et pour celles de printemps.

La préparation pour les semailles d'au-

tomne n'en exige pas moins de trois. Le premier a lieu avant ou après l'hiver pour rompre
la croûte du sol et pour retourner le chaume;
il exige une certaine profondeur.

Le deuxième se donne un peu plus tard,
quand la couche superficielle commence à se
durcir. Ce labour, un peu moins profond que
le premier, doit être plus complet et mieux
soigné.

Le troisième enfin s'exécute avant les semailles, et sert quelquefois à enfouir le fumier.
Ces trois labours suffisent aux terres légères,
mais un quatrième devient nécessaire dans les
terres fortes et argileuses.

Les semailles de printemps exigent moins
de préparation; il ne faut au sol que deux
façons au plus : l'une à l'automne, l'autre
après l'hiver ou au moment de la semaille.

Parmi les labours préparatoires, nous com-
prendrons les labours de défoncement. Ils ont
pour objet, soit de rendre le sous-sol perméable en le remuant avec la charrue, soit
d'amender le sol en ramenant à la surface
une terre propre à le modifier.

Labours d'ensemencement. — Les labours
d'ensemencement servent à enterrer les semences répandues sur le sol. On laboure à

plat, en planches et en billons. Vous voyez tous les jours de ces sortes de labours.

Le labour *à plat* présente la terre découpée par bandes plus ou moins épaisses renversées les unes sur les autres, de manière à former dans leur ensemble une surface plane et unie.

Ce labour convient aux sols légers, il y entretient la fraîcheur; il permet en outre une plus égale distribution de la semence; il facilite l'usage de la faux pour la récolte. Il est indispensable pour les prairies artificielles.

Le labour *en planches* présente aussi une surface unie, mais coupée de distance en distance par des raies parallèles plus ou moins profondes. C'est l'espace compris entre chaque raie qu'on nomme planche.

La largeur des planches varie, selon la nature des terrains, de 3 à 6 mètres. Les plus étroites conviennent aux sols imperméables exposés à être noyés par les pluies d'hiver; les plus larges sont réservées à ceux qui n'ont point à craindre cet inconvénient. Toutefois, il est bon d'y tracer avec la charrue, ou mieux avec le buttoir, des rigoles transversales pour y faciliter l'écoulement des eaux.

Le labour *en billons,* au lieu de planches

larges, à surface plane, n'offre que des planches étroites à surface plus ou moins convexe :
les plus larges n'ont pas plus de 1^m 50. Ce
genre de labour convient aux terres humides
un peu inclinées. Les billons sont alors fortement bombés, et les raies qui les séparent
assez profondes pour servir de petits fossés
d'écoulement.

Ce labour n'est pas moins avantageux dans
un sol sec, léger et peu profond. Il permet de
relever la terre végétale sur le milieu du
billon où les racines des plantes se développent plus facilement. Dans ce cas, le billon
doit être très-étroit.

Vous trouverez des gens qui ne sont pas
partisans de ce genre de labour : on lui reproche de laisser improductives les raies qui
séparent les billons, et de ne pas permettre
l'emploi de la faux, de la herse, du rouleau, etc.
Ce reproche n'est pas entièrement fondé : les
raies entre les billons favorisent la circulation
de l'air, qui alimente les plantes, et active la
végétation.

Je ne vous préciserai pas la profondeur à
donner aux labours : elle dépend de l'épais-
seur de la couche végétale. Je me contenterai
de vous dire qu'ils doivent être plus super-

ficiels pour les céréales que pour les plantes à racines pivotantes, et plus profonds pour les façons préparatoires que pour celles d'ensemencement. Un labour est profond à 30 centimètres, et superficiel à 10.

Labours d'entretien. — Le sol, une fois ensemencé, se tasse, se durcit, se couvre d'herbes parasites. Les labours d'entretien servent à le débarrasser de ces mauvaises herbes et à ameublir sa couche superficielle; mais ces façons, connues sous le nom de binages ou de sarclages, s'appliquent plus particulièrement aux plantes distribuées en lignes, et qu'on nomme pour ce motif *plantes sarclées.*

Les binages s'exécutent à l'aide d'instruments à bras, tels que la houe, la binette, etc., ou bien avec la houe à cheval. Les binages à la main sont plus parfaits, mais ils coûtent davantage; ils ne se pratiquent que dans les petites cultures. Dans les cultures un peu étendues, l'emploi de la houe à cheval devient nécessaire; il faut que les lignes soient assez espacées pour lui donner passage; dans certains cas on se sert du buttoir.

Quant aux céréales et aux plantes semées à la volée, contentez-vous de les sarcler à la main du mieux que vous pourrez avant qu'elles soient trop développées, et ne manquez pas de leur donner, après l'hiver, un vigoureux hersage, principalement dans les terres argileuses.

QUESTIONNAIRE.

Quel est l'objet des labours? Comment se divisent-ils?

A quoi servent les labours préparatoires ?

Combien la préparation des semailles d'automne en exige-t-elle?

Quand et comment s'exécutent ces labours ?

Combien en faut-il pour la préparation des semailles de printemps?

Quand doivent-ils s'exécuter?

Quel est l'objet des labours d'ensemencement?

Combien y en a-t-il de sortes?

En quoi consiste le labour à plat? Quel est son avantage?

Qu'est-ce que le labour en planches?

A quel terrain convient-il?

Quel doit être la largeur des planches?

Qu'est-ce que le labour en billons ?

Quel doit être la largeur des billons?

A quel sol convient ce labour ?

Quel reproche fait-on à ce genre de labour?

Quelle doit être la profondeur des labours ?

Quel est l'objet des labours d'entretien? Quel nom leur donne-t-on?

A quelles plantes s'appliquent les binages?

Comment se pratiquent-ils?

Quels soins d'entretien peut-on donner aux céréales et aux plantes semées à la volée?

CHAPITRE SIXIÈME.

ASSOLEMENT ET ROTATION.

—

Treizième Leçon.

Depuis un certain temps, mes enfants, l'agriculture a beaucoup gagné. La terre jadis produisait beaucoup moins, parce qu'elle était moins bien cultivée. Après une ou deux récoltes on la laissait en *jachère*, c'est-à-dire en repos pendant une année.

Aujourd'hui il n'en est plus ainsi : on sait que si certaines plantes lui empruntent quelque chose, d'autres lui rendent plus qu'elles n'en reçoivent ; c'est-à-dire que si les unes l'épuisent, les autres l'améliorent. Vous réussirez donc à réparer ses pertes, à ménager sa force productive en faisant succéder une récolte améliorante à une récolte épuisante. Vous supprimerez ainsi la jachère, ou du moins vous la relèguerez dans les mauvais terrains.

Vous savez ce que je vous ai dit à propos de la végétation, savoir : que les plantes, lorsque la tige est tendre et verte, enrichissent le sol, tandis qu'elles l'appauvrissent quand cette tige sèche et durcit ; ce qui arrive dès que le grain commence à mûrir.

Il résulte de là que le blé, le seigle, l'orge et l'avoine ; que les haricots, les lentilles, les pois ; que le colza. le chanvre, la navette, et en général que toutes les plantes cultivées pour le grain sont épuisantes, puisqu'on ne les récolte que quand la tige est desséchée.

Au contraire, les plantes fourragères, le sainfoin, le trèfle, la luzerne, qu'on défriche, celles qu'on coupe ou qu'on enfouit en vert, comme les vesces, les pois, la navette, sont dites améliorantes, parce qu'elles rendent au sol, par leurs débris, plus qu'elles n'en ont reçu.

Les plantes racines, les betteraves, les carottes, les pommes de terre, et en général toute culture sarclée l'ameublit par suite des façons qu'on lui donne, et l'épuise d'autant moins qu'on y met plus de fumier.

Vous devez comprendre qu'en combinant ensemble les différents effets de ces plantes. vous pouvez obtenir tous les ans sur le même sol des produits variés.

Vous commencez par déterminer votre assolement, c'est-à-dire par diviser votre exploitation en plusieurs soles ou cultures différentes qui doivent se succéder quelques années sur chaque division du terrain pour y revenir ensuite dans le même ordre. Cet ordre périodique dans lequel ces cultures reparaissent à la même place, après un certain temps, se nomme *rotation*. Une rotation est de trois, quatre ou cinq ans, selon que les mêmes plantes reviennent au même endroit tous les trois, quatre ou cinq ans.

Il n'y a pas de règle absolue d'assolement ou de rotation. Ce qu'on doit consulter avant tout, c'est l'espèce et la qualité du terrain. Voici seulement quelques principes généraux propres à vous servir de guides :

1o Choisissez les plantes qui conviennent le mieux à chaque sorte de terrain;

2o Variez-en chaque année les espèces;

3o Faites succéder les récoltes améliorantes aux récoltes épuisantes;

4o Substituez à la jachère des prairies artificielles, des plantes racines ou sarclées;

5o Proportionnez la quantité de vos fourrages au nombre de bestiaux qui vous est nécessaire pour produire assez d'engrais;

6b Donnez aux terres légères des plantes à tiges herbacées, à racines traçantes, et réservez aux terres fortes les végétaux à racines pivotantes.

En résumé, mes enfants, l'assolement le plus favorable à la petite culture c'est, selon un de nos plus habiles agronomes, l'*assolement alterne*, basé sur la culture des plantes sarclées. Voici la rotation qu'il doit présenter :

1re *année*, betteraves, carottes, pommes de terre, haricots, choux, etc.;

2e *année*, grains d'hiver ou de printemps, froment, orge ou avoine;

3e *année*, fourrage annuel ou bisannuel, tel que trèfle ou autres plantes;

4e *année*, froment d'hiver ou de printemps, colza ou autres plantes;

Et ainsi de suite.

La terre occupée par le sainfoin et la luzerne, qui durent plus de deux ans, se trouve nécessairement en dehors de l'assolement alterne.

Cet assolement convient moins à la grande culture qui manque souvent de bras et de débouchés pour écouler ses produits; mais vous, mes enfants, vous êtes dans les meilleures conditions pour le pratiquer. Il sera pour vous une source de bien-être et de richesse.

QUESTIONNAIRE.

Qu'est-ce que la jachère? Comment peut-on la supprimer?

Dans quel cas les plantes sont-elles améliorantes ou épuisantes?

Quel est sur le sol l'effet des plantes cultivées pour le grain?

Quel est l'effet des plantes fourragères et des plantes coupées ou enfouies en vert?

Quel est l'effet des plantes racines ou des plantes sarclées?

Comment peut-on obtenir tous les ans des produits sur le même sol?

Comment détermine-t-on l'assolement?

Qu'appelle-t-on rotation?

Y a-t-il une règle absolue d'assolement ou de rotation?

Citez quelques principes généraux d'assolement.

Quel est l'assolement le plus convenable à la petite culture?

Indiquez la rotation qu'il doit présenter.

CHAPITRE SEPTIÈME.

CÉRÉALES.

Quatorzième Leçon.

Blé ou froment.

Les plantes agricoles dont la culture nous intéresse le plus, mes enfants, se divisent en six classes différentes, savoir :

Les céréales ;

Les légumes farineux ;

Les plantes fourragères ;

Les plantes racines ;

Les plantes oléagineuses ;

Les plantes textiles.

Nous allons nous occuper en particulier de chacune de ces plantes.

Les céréales sont des plantes dont les grains, convertis en farine, servent à notre nourriture et à celle des animaux domestiques. De ce nombre sont : le blé ou froment, le seigle, l'orge, l'avoine, le sarrasin, le maïs.

Le blé ou froment est pour nous la céréale par excellence; la plus essentielle, la plus nutritive. Il y en a plusieurs variétés : les blés barbus et les blés lisses; les blés tendres et les blés durs ; les blés blancs et les blés rouges, etc.; variétés distinguées en général sous le nom de blés d'automne et de blés de printemps ou de mars.

Je ne vous dirai pas les variétés que vous devez cultiver, cela dépend de la nature de votre sol. Consultez l'expérience et l'usage du pays, et s'il vous arrive de faire des essais, que ce soit en petit seulement, et sans préjudice pour vos intérêts.

Le blé n'aime ni les terres trop compactes,

ni les terres trop légères ; il lui faut un sol argileux uni à une certaine quantité de calcaire ou de silice, c'est-à-dire un sol argilo-calcaire ou argilo-siliceux, bien fumé et bien préparé.

Il doit succéder soit à une plante sarclée, soit à une plante fourragère, et particulièrement à un trèfle rompu par un seul labour ; il réussit aussi après l'avoine et le sarrasin.

On préfère, dans nos contrées, le blé d'automne au blé de printemps, parce qu'il produit davantage ; cependant on sème quelquefois de ce dernier, quand le premier vient à manquer.

L'époque de la semaille des blés varie du 25 septembre au 15 novembre ; mais en général c'est le mois d'octobre qui convient le mieux. Quant au blé de printemps, il se sème presque toujours au mois de mars. La quantité de semence à employer est d'environ deux hectolitres par hectare, un peu plus ou un peu moins, selon la qualité du terrain et selon le mode d'ensemencement.

On sème, comme vous le savez, avec la main à la volée ; on sème aussi avec le semoir, nouvel instrument traîné par des chevaux, et disposé de manière à ce que le grain tombe régulièrement en lignes sur le sol où il est immédiatement recouvert. Cet instrument économise la semence, il la distribue, l'enterre d'une manière plus égale, et rend les sarclages plus faciles; mais on ne l'emploie jusqu'ici que dans les grandes cultures. Ce mode d'ensemencement s'applique aussi à certaines plantes sarclées, telles que les betteraves, les carottes, etc. Il y a pour les petites cultures des semoirs à brouette qu'on peut conduire à la main. Je vous engage, mes enfants, à en essayer.

L'ensemencement à la volée est dit *sous-raie* s'il a lieu avant le labour, et *sur-raie* s'il a lieu après. La semence se recouvre à la charrue dans le premier cas, et à la herse dans le second. L'ensemencement sous-raie est préférable dans les terrains légers. En général pour toute espèce de grain, la semence veut être enterrée par des labours superficiels, surtout dans les terrains argileux.

Mais la chose la plus essentielle, c'est la bonne qualité de la semence. Choisissez toujours pour cela le blé le plus beau, le mieux nettoyé, celui qui convient le mieux à la nature du sol; et pour y détruire tout principe d'altération, et préserver la récolte de certaines maladies, comme le charbon ou la carie, ayez soin de le soumettre à l'opération du chaulage.

Cette opération consiste à saupoudrer la semence de chaux ou à l'arroser avec un lait de chaux, et. dans l'un et l'autre cas, à bien remuer le mélange. Voici un procédé plus sûr et plus efficace :

Vous prenez 8 à 10 litres d'eau dans lesquels vous faites dissoudre un kilogramme de chaux et un demi-kilogramme de sel. Vous versez le tout sur un hectolitre de blé que vous remuez avec une pelle, de manière à bien opérer le mélange.

On emploie aussi du sulfate de soude en dissolution dans l'eau ; on y fait baigner un instant le grain, qu'on saupoudre ensuite de chaux. Six hectogrammes de sulfate dissous dans 8 à 10 litres d'eau chaude suffisent avec deux kilogrammes de chaux en poudre pour un hectolitre de semence. Au lieu de sulfate de soude on peut se servir de sulfate de cuivre, autrement dit vitriol bleu.

Le blé, une fois en herbe, réclame quelques soins d'entretien. Les terres humides et légères où le calcaire domine, se soulèvent à la surface par l'effet de la gelée : il faut les rouler

après l'hiver pour les raffermir et pour y
consolider les racines.

Les terres fortes et argileuses se durcissent
par le hâle et par le froid ; il importe de les
herser au mois de mars pour rompre la croûte
superficielle, à l'effet de dégager, d'aérer les
jeunes tiges, et d'ameublir le terrain.

Enfin les mauvaises herbes croissent, se
multiplient ; il faut les arracher, il faut sarcler ; mais là les sarclages ne peuvent s'exécuter qu'à la main. Vous choisissez pour cela
le moment où le sol n'est ni trop sec ni trop
humide : c'est le moyen de ne rien endommager. Ces travaux faits, vous attendez
l'époque de la récolte.

Elle commence sur la fin de juillet ou au
plus tard dans les premiers jours d'août. On
coupe le blé à la faucille ou à la faux, et
même à la sape, sorte de petite faux. On se
sert aussi de *moissonneuse*, machine d'in-
vention nouvelle, mise en mouvement par un
cheval.

Le travail à la faucille est simple et facile,
mais long et dispendieux ; le travail à la faux
exige des hommes forts et robustes : il est
plus expéditif et plus économique. Il en est
de même du travail à la sape. Les moisson-

4

neuses vont beaucoup plus vite ; mais jusqu'ici elles ne s'emploient que dans de grandes exploitations, sur un terrain plat et bien uni, et encore ne fonctionnent-elles pas toujours avec beaucoup de régularité.

Vous ne devez pas attendre pour récolter le blé qu'il soit complètement mûr; car alors l'épi s'égraine, le grain se dessèche et se tarit; le poids et le rendement diminuent. Il vaut mieux le couper un peu plus tôt, et le laisser plusieurs jours sur place, afin qu'il achève de mûrir, et que la paille avec l'herbe qu'elle contient ait le temps de sécher. Mais pour le garantir de la pluie, voici comment il convient de le disposer :

Vous le liez d'abord en petites gerbes, vous mettez une de ces gerbes debout, et cinq ou six à l'entour, dans une position un peu inclinée, puis vous en ajoutez par-dessus une plus grosse, renversée sur les autres l'épi en bas, de manière à ce qu'elle les couvre et les abrite. Cette disposition, appelée *meulettes*, petites meules ou *moyettes*, permet au blé de passer plusieurs jours à l'air sans inconvénient, et d'arriver ainsi à une pleine et entière maturité.

On l'entasse ensuite dans la grange, ou

bien on en fait en plein champ de grosses meules qu'on recouvre d'une sorte de toiture en paille, puis on le bat pendant l'hiver, soit au fléau, soit avec une machine appelée *batteuse*.

Le battage au fléau est lent et assez coûteux; dans les grandes cultures, et même dans quelques petites, on a des batteuses appropriées à l'importance de l'exploitation; ces machines sont simples et très-avantageuses. On en trouve de plus compliquées qui battent et vannent en même temps.

Le grain, une fois vanné et nettoyé, se conserve dans des greniers bien aérés où on le remue de temps en temps avec une pelle pour empêcher qu'il ne s'échauffe. En bonne qualité il doit peser de 75 à 80 kilogrammes par hectolitre, et rendre, dans une bonne récolte, de 20 à 25 hectolitres par hectare.

Je ne vous parlerai pas du blé de printemps; il se cultive à peu près comme celui d'automne; il se contente de terres légères, pourvu qu'elles soient assez profondes. La paille en est courte, et l'épi peu fourni. Il talle peu : aussi faut-il le semer assez épais. Son rendement n'est guère que de 12 à 15 hectolitres par hectare.

— 64 —

QRESTIONNAIRE.

En combien de classes se divisent les plantes agricoles ?

Qu'appelle-t-on céréales ?

Qu'est-ce que le blé ?

Quel est le terrain qui lui convient ?

A quelle culture doit-il succéder ?

Quelle est l'époque des semailles ?

Quelle quantité de semence faut-il employer ?

Comment sème-t-on ?

Quels sont les avantages du semoir ?

Comment recouvre-t-on le grain ?

Quel blé choisit-on pour semence ?

En quoi consiste le chaulage ?

Citez quelques procédés de chaulage.

Quels soins d'entretien réclame le blé ?

Quand et comment le récolte-t-on ?

Faut-il attendre qu'il soit complètement mûr ?

Comment le dispose-t-on sur place ?

Qu'en fait-on quand il est bien sec ?

Comment s'exécute le battage ?

Comment conserve-t-on le grain ?

Quel est le poids du grain par hectolitre ?

Quel est son rendement par hectare ?

Comment se cultive le blé de printemps ?

Quinzième Leçon.

—

Seigle.

Le seigle tient, après le blé, le premier rang parmi nos céréales. Son grain donne une farine assez nourrissante ; sa paille est recherchée pour différents usages; il sert même, en vert, de fourrage et d'engrais.

Ce qui en fait le principal mérite, c'est qu'il s'accommode d'une terre maigre, sablonneuse ou calcaire, légèrement fumée; seulement il faut que cette terre ait été ameublie par plusieurs labours. Le seigle, comme le blé, succède à une culture sarclée ou fourragère.

On le sème dès le premier septembre, quelquefois même plus tôt, à raison d'environ deux hectolitres par hectare. On le répand à la volée, soit sur-raie, soit sous-raie, et on l'enterre à la herse dans le premier cas, et avec la charrue dans le second. Comme il a peu à craindre de la carie, vous pouvez vous dispenser de chauler la semence; il vous suffira de la bien nettoyer.

Au printemps, il réclame aussi quelques soins d'entretien, des roulages ou des hersages. Il mûrit et se récolte huit à quinze jours avant le blé. Il se cultive, du reste, à peu près comme cette céréale; son rendement est de 15 à 20 hectolitres par hectare.

Le seigle est sujet à une maladie particulière, appelée *ergot*. Le grain de seigle ergoté est étiré, allongé comme l'ergot d'un coq; on le distingue à sa couleur violette. Il serait

4*

dangereux comme nourriture; ayez soin, lors de la récolte, de mettre de côté les épis atteints de cette maladie.

On cultive aussi, sous le nom de *méteil*, un mélange de seigle et de froment. Mais ces deux céréales mûrissant l'une plus tôt, l'autre plus tard, ne réussissent pas toujours, il vaut mieux les cultiver séparément.

Il existe plusieurs variétés de seigle, telles que le seigle *de mars*, le seigle de la St-Jean, dit aussi seigle *multicaule*, parce qu'il fournit beaucoup de tiges. Ces variétés se cultivent plutôt comme fourrage et comme engrais. Le seigle de la Saint-Jean se sème en juin, se coupe en vert à l'automne, repousse ensuite, et se récolte l'année suivante. Son grain est petit et de médiocre qualité.

QUESTIONNAIRE.

Quelle est l'utilité du seigle?

Qu'est-ce qui en fait le principal mérite?

Quand et comment se sème-t-il? Quels soins exige-t-il?

Quel est son rendement par hectare?

Quelle est la maladie du seigle?

Qu'appelle-t-on méteil?

Citez quelques variétés de seigle.

Qu'est-ce que le seigle de la Saint-Jean? Comment se cultive-t-il?

Seizième Leçon.

—

Orge. — Avoine.

Orge. — L'orge mérite d'être classée après le seigle, en raison de son importance. En voici, mes enfants, les différents usages :

D'abord on en fait du pain dans certaines campagnes, en la mélangeant avec du blé ou du seigle; elle remplace quelquefois l'avoine pour les chevaux; elle nourrit, engraisse les bestiaux et les volailles; elle fournit en vert un bon fourrage; elle sert enfin à la fabrication de la bière.

On en distingue deux espèces principales : l'orge d'hiver et l'orge de printemps; elles admettent l'une et l'autre plusieurs variétés.

L'orge d'hiver, la plus estimée et la plus productive, c'est l'*escourgeon* ; c'est la meilleure pour la fabrication de la bière; elle est aussi très-bonne comme fourrage. Néanmoins elle est peu cultivée dans nos terrains. Son épi a six rangs. L'orge de printemps, à laquelle nous donnons la préférence, n'en a que deux. L'orge carrée en a également six ; mais cette variété est moins recherchée.

L'orge réussit sur un sol ordinaire, meuble, frais et convenablement fumé ; elle succède à des plantes sarclées ou à des céréales d'hiver. Vous la semez à la volée, du 15 mars au 15 avril ; vous l'enterrez à la charrue plutôt qu'à la herse. Vous la roulez au moment de la semaille et lorsque les tiges commencent à se développer.

On la moissonne à la faux plutôt qu'à la faucille ; mais n'attendez pas qu'elle soit trop sèche, autrement l'épi se casse, et le grain se perd. Veillez surtout à ce qu'elle ne reste pas exposée à la pluie : elle germe vite, à moins qu'elle ne soit en tas. On calcule qu'il faut un à deux hectolitres de semence par hectare pour rapporter 15 à 25 hectolitres de grain.

Avoine. — L'avoine se cultive principalement pour les chevaux. Sa paille, comme celle de l'orge, est excellente pour les bestiaux, surtout pour les vaches, les moutons.

Il y en a de deux sortes : celle d'hiver et celle de printemps. La première est, dit-on, d'une meilleure qualité, mais elle vient plus difficilement ; c'est la dernière que nous cultivons généralement.

L'avoine n'est pas très-exigeante quant au terrain; il suffit qu'il ne soit pas trop maigre, et qu'il soit convenablement amendé. Elle réussit surtout après des plantes sarclées et après un trèfle, un sainfoin, une luzerne, enfin sur un sol nouvellement défriché. Elle convient pour abriter les graines des plantes fourragères destinées à former des prairies artificielles.

L'avoine de printemps se sème du **20** février au **20** mars, et celle d'hiver au mois d'août. On l'enterre à la herse si on la sème sur-raie, et à la charrue, si on la sème autrement; on la roule ensuite pour écraser les mottes et pour faciliter l'usage de la faux. Plus tard on donne un hersage énergique, suivi, s'il est possible, de quelques sarclages.

Dès que vous la voyez mûrir, il faut songer à la récolter. Vous la coupez à la faux, vous la laissez plusieurs jours en javelles, ou bien vous la liez en petites gerbes que vous mettez en tas, et que vous rentrez quand le grain est mûr et bien sec. L'avoine exige un peu plus de semence que l'orge, et elle rend davantage.

QUESTIONNAIRE.

Quel est l'usage de l'orge?

Combien y en a-t-il d'espèces?

Quelle est celle que nous préférons?

Quel est le sol qui lui convient?

Quand et comment se sème l'orge?

Comment se récolte-t-elle?

Quel est son rendement par hectare?

Quel est l'usage de l'avoine?

Combien y en a-t-il d'espèces?

Quel sol exige-t-elle?

Comment se sème-t-elle?

Comment se récolte-t-elle?

Dix-septième Leçon.

—

Sarrasin. — Maïs.

Sarrasin. — Voici, mes enfants, une céréale assez peu appréciée, et qui est cependant fort utile : c'est le sarrasin ou blé noir, qu'on pourrait appeler le froment des pays pauvres. On s'en nourrit dans certaines campagnes à défaut de blé; on en fait consommer aux chevaux à défaut d'avoine; on en donne aux porcs et aux volailles pour les engraisser; enfin on l'emploie, en vert, comme fourrage et comme engrais. Sa paille fait une excellente litière.

Il réussit dans les terres les plus maigres,

précède ou suit une céréale, et vient sur un bon sol en récolte dérobée, c'est-à-dire en seconde culture après le seigle, l'orge et l'avoine. Vous devez comprendre, mes enfants, qu'avec de pareils avantages, cette plante est d'une grande ressource pour les pays peu fertiles.

Cultivé pour le grain, le sarrasin se sème sur la fin de mai, à raison d'un demi-hectolitre par hectare; si la terre est bonne et bien préparée, on peut le récolter trois mois après, et le remplacer par une autre céréale. Il se sème quelquefois sans aucune préparation, et se recouvre légèrement à la charrue ou même à la herse.

Si vous voulez le récolter en vert ou l'enfouir comme engrais, semez-le à partir du mois de juillet, et vous le faucherez lors de sa floraison, ou vous l'enterrerez à l'époque de la semaille. Dans ce cas il ne vous faut pas moins d'un hectolitre de semence par hectare.

Le sarrasin en grain se récolte du 15 septembre au 15 octobre; on le laisse en javelles quelques jours, et on le rentre quand il est bien sec pour le battre presque aussitôt. Il produit de 15 à 18 hectolitres par hectare.

Maïs. — Le maïs n'est cultivé en grand

que dans le Midi; cependant, comme il s'en trouve quelquefois dans nos contrées, je tiens à vous en dire un mot.

Cette céréale fournit une farine substantielle, propre à notre nourriture. On l'emploie aussi à engraisser des volailles et quelques animaux domestiques. Sa feuille, verte ou sèche, fait un bon fourrage ou une bonne litière. Elle est très-recherchée.

Le maïs demande un climat chaud, une bonne terre, plusieurs labours préparatoires et des engrais suffisants; il se plaît surtout sur un sol léger, argilo-siliceux. On le sème en mai, à la volée, quand on veut le faucher comme fourrage, et en lignes, quand c'est pour le récolter en grain. Ces lignes sont espacées d'environ 40 centimètres; on met trois ou quatre grains pour chaque pied, à environ 30 centimètres de distance.

Aussitôt qu'il a 8 à 10 centimètres de hauteur, on le sarcle, on le bine. Un peu plus tard, on renouvelle ces façons, après quoi on le butte. Après la floraison, on casse le sommet des tiges, près du nœud le plus rapproché de l'épi, ainsi que les branches latérales, à l'effet de faire grossir le grain.

On le récolte à la fin de septembre, lorsque

ses feuilles jaunes et desséchées indiquent sa maturité. On coupe les épis qu'on dégage de leur enveloppe, et on en réunit plusieurs ensemble, qu'on suspend dans un lieu sec et bien aéré jusqu'au moment de les égrainer. Le rendement du maïs est de 15 à 25 hectolitres par hectare.

QUESTIONNAIRE.

Quel est l'usage du sarrasin ?

Quel est le terrain qui lui convient ?

Quels avantages offre-t-il ?

Quand et comment se sème-t-il ?

Quand et comment se récolte-t-il ?

Quel est son rendement par hectare ?

Quel est l'usage du maïs ?

Quel climat, quelle terre demande-t-il ?

Quand et comment se sème-t-il ?

Quels soins d'entretien réclame-t-il ?

Quand et comment doit-il se récolter ?

CHAPITRE HUITIÈME.

PLANTES FOURRAGÈRES.

Dix-huitième Leçon.

Prairies naturelles.

La Providence, mes enfants, à qui nous devons le grain qui nous nourrit, nous donne aussi les plantes qui alimentent nos animaux

5

domestiques : ce sont les plantes fourragères. Les terrains qui les produisent se nomment prairies. Il y en a de deux sortes : les prairies *naturelles* et les prairies *artificielles*.

Les prairies naturelles sont celles où l'herbe, chaque année, croît naturellement, c'est-à-dire d'elle-même, et dure indéfiniment. Les prairies artificielles, au contraire, sont celles où l'herbe vient par les soins de l'homme, et ne dure qu'un certain temps.

Bien que les prairies naturelles croissent sans culture, elles n'en réclament pas moins divers soins d'entretien. Les plantes, pour végéter, ont besoin de fraîcheur; il est utile d'arroser quelquefois, surtout au printemps, quand cela est possible.

L'excès d'humidité nuit à la qualité des fourrages; les prés où les eaux séjournent poussent de mauvais foin : il faut les assainir par des fossés d'écoulement, ou mieux encore par le drainage.

Les mauvaises herbes, les mousses, les joncs, envahissent, étouffent les meilleures plantes; vous devez les détruire, et pour cela donner force coups de herse, répandre des cendres, garnir les places vides, arroser avec du purin étendu d'eau; vous devez, de plus, faire disparaître les taupinières, niveler le terrain, curer les fossés, entretenir les clôtures.

La fauchaison a lieu au mois de juin, au moment de la floraison des plantes. Le fourrage alors est plus tendre; il a plus de goût. Si vous attendiez un peu plus tard, il durcirait et perdrait de sa qualité.

Le foin une fois fauché reste en *andains*, jusqu'à ce qu'il soit sec à la surface; vous le retournez ensuite en le répandant çà et là sur le sol, où il achève de sécher; après quoi vous le rentrez ou vous le mettez en meules pour le serrer quelques jours après. Il faut avoir soin de l'entasser dans le fenil d'une manière bien égale, afin que la fermentation qu'il doit subir s'opère d'une manière uniforme. Le foin récolté dans des conditions favorables est toujours vert, bien sec; on le reconnaît à sa bonne odeur.

QUESTIONNAIRE.

Qu'appelle-t-on plantes fourragères?

Comment se nomment les terrains qui les produisent?

Qu'est-ce qu'une prairie naturelle?

Qu'est-ce qu'une prairie artificielle?

Quels soins exigent les prairies naturelles?

Quelle est l'époque de la fauchaison?

Quels soins exige la récolte du foin?

A quoi reconnaît-on le bon foin?

Dix-neuvième Leçon.

—

Prairies artificielles.

—

LUZERNE. — TRÈFLE.

Vous connaissez déjà, mes enfants, l'importance des prairies artificielles en agriculture. Vous savez qu'elles contribuent à améliorer les terrains, à multiplier les fourrages, qu'elles permettent d'avoir plus de bestiaux et par conséquent plus d'engrais. Vous savez de plus qu'elles sont la base de tout bon assolement.

Les plantes fourragères, cultivées sous le nom de prairies artificielles, sont : la luzerne, le trèfle, le sainfoin, la lupuline, les vesces, etc.

Luzerne. — La luzerne se recommande par l'abondance, par la qualité de ses produits, ainsi que par sa durée; elle convient en général à tous les bestiaux, mais elle est un peu difficile sur le choix du terrain.

Elle veut un sol léger, riche et profond, plutôt sec que trop humide, bien labouré et largement fumé. Elle réussit quelquefois sur des collines d'assez maigre apparence, quand ses racines peuvent pénétrer le sous-sol.

On la sème à la volée sur une céréale, au printemps plutôt qu'à l'automne, dans la proportion de 25 à 30 litres de graine par hectare; on l'enterre à la herse. Elle végète faiblement d'abord; l'année suivante on lui donne, au mois de mars, un léger hersage, et elle commence alors à produire; ce n'est que la troisième année qu'elle est en plein rapport, elle ne fournit pas moins de trois bonnes coupes par an.

On commence à la faucher dès la première quinzaine de mai, on la laisse un peu en *andains*, puis on la retourne; quand elle est bien sèche on la rentre, ou on la met en tas, pour ne la serrer qu'un peu plus tard.

La luzerne, mes enfants, dure de 10 à 12 ans; vous pouvez même en prolonger la durée sans nuire à la récolte. Il suffit de la herser tous les ans, de l'arroser de purin étendu d'eau, et d'y répandre de temps en temps un peu de plâtre et de fumier.

Trèfle. — Le trèfle est inférieur à la luzerne; cependant les bestiaux, et notamment les chevaux, en sont très-friands. Gardez-vous de leur en laisser trop manger, surtout en vert, il pourrait les incommoder. Il se plaît sur une terre forte, un peu humide, sur un sol argilo-calcaire frais et profond, bien façonné et bien engraissé.

On le sème sur une céréale de printemps, et quelquefois sur un blé d'automne, à raison de 20 à 25 litres de graine par hectare. On le recouvre très-légèrement à la herse. Il pousse peu d'abord ; il ne produit que l'année suivante, et la récolte est d'autant plus abondante qu'on a semé dans de meilleures conditions, et qu'on a su plâtrer à propos.

On le fauche dans les premiers jours de juin, dès qu'il est en pleine fleur ; on le fane et on le rentre quand il est sec, ou bien on le met en meules, et on l'y laisse jusqu'à ce qu'il ait, comme on dit, jeté son feu, c'est-à-dire un peu fermenté. Le trèfle donne une seconde coupe inférieure à la première, c'est celle qu'on réserve pour la graine. Dans ce cas vous attendez pour faucher que les tiges soient entièrement desséchées.

Après cette seconde coupe, vous le remplacez immédiatement par une autre culture, et vous ne le ramenez sur le même terrain qu'au bout de quatre ou cinq ans.

Il existe une variété de trèfle connue sous

le nom de *trèfle incarnat,* qui se mange vert plutôt que sec. On le sème au mois d'août, après une céréale, dans un terrain sablonneux ou calcaire, même sans labour préparatoire. Un coup de herse suffit pour enterrer la graine. Cependant si le sol est trop ferme, il est bon de lui donner auparavant une légère façon.

Ce trèfle ne fournit qu'une seule coupe; il se fauche l'année suivante au printemps; le terrain se trouve assez tôt débarrassé pour recevoir immédiatement une autre culture, telle que du sarrasin, des haricots, des pois, etc.

QUESTIONNAIRE.

Quelle est l'importance des prairies artificielles?

Quelles sont les plantes cultivées sous ce nom?

Quels sont les avantages de la luzerne, et quel est le sol qui lui convient?

Quand et comment se sème-t-elle?

Quand et comment se récolte-t-elle?

Combien dure-t-elle? Comment peut-on en prolonger la durée?

Quels avantages offre le trèfle?

Quel est le sol qui lui convient?

Quand et comment se sème-t-il?

Quand et comment se récolte-t-il?

Combien de temps dure-t-il?

Qu'est-ce que le trèfle incarnat?

Quand et comment le sème-t-on?

Quand le récolte-t-on?

Vingtième Leçon.

—

Sainfoin. — Lupuline. — Vesces.

Sainfoin. — Le sainfoin, mes enfants, fournit un fourrage sain, nourrissant, qui convient surtout aux chevaux de trait. Il croît indifféremment sur un sol riche ou maigre; il suffit que ses racines trouvent à pénétrer dans le sous-sol. Vous pouvez même le cultiver avec succès sur les coteaux, où il sert à lier les terres et à les retenir sur la pente.

On le sème sur une céréale, à raison de 4 à 5 hectolitres par hectare, et on l'enterre à la herse. Le sol doit être en bon état, c'est-à-dire labouré à fond et bien amendé. L'année suivante vous hersez, vous plâtrez au printemps, et environ deux mois après le sainfoin est bon à récolter.

On le coupe dès qu'il est en pleine fleur; on le retourne et on le rentre quand il est sec. Si vous tenez à la graine, vous attendez davantage. Vous le fauchez le matin à la rosée, vous le rentrez avec précaution pour le battre immédiatement; mais dans ce cas le fourrage n'a plus la même qualité.

Le sainfoin ne produit qu'une coupe par saison; il y en a cependant qui en donne deux, mais la seconde ne vaut pas la première. Il dure de six à huit ans. Si vous voulez le conserver en plein rapport, ayez soin de le herser, de le plâtrer chaque année, et de l'arroser avec de l'eau provenant des égoûts de fumier.

Lupuline. — Voici, mes enfants, une autre plante moins commune, et qui cependant n'est pas sans valeur : c'est la lupuline, autrement dite *minette dorée*, sorte de trèfle jaune. Elle est recherchée par tous les bestiaux, et particulièrement par les moutons.

Elle se plaît sur toute espèce de terrains; dans les bons, on la cultive comme fourrage; dans les mauvais, comme simple pâture. On y mêle quelquefois du trèfle et du sainfoin, auxquels elle s'associe parfaitement.

On la sème à peu près comme le trèfle, sur une céréale, orge ou avoine, à raison de 15 à 20 litres de graine par hectare, on l'enterre de la même manière. On la fauche dès qu'elle est en fleur; elle ne donne qu'une coupe et ne dure qu'un an. C'est un des premiers fourrages qu'on récolte au printemps.

Vesces. — Les vesces produisent un four-

5*

rage qui se consomme vert ou sec, et que les bestiaux recherchent généralement. Il y en a deux espèces : les vesces de printemps et les vesces d'hiver.

Les vesces de printemps se sèment en mars ou en avril ; celles d'hiver en août ou en septembre, à raison de 2 hectolitres par hectare. Les premières veulent une terre un peu fraîche, les autres préfèrent un sol plus sec et plus léger. Je vous conseille, mes enfants, d'y mêler un peu d'avoine ou de seigle pour que ces plantes leur servent d'appui et favorisent le développement de leurs tiges.

Dès qu'elles sont assez grandes, vous pouvez les faire manger en vert, mais en petite quantité ; autrement les bestiaux en seraient incommodés.

Si vous désirez les récolter comme fourrage sec, ne les fauchez que quand elles sont en fleur, et laissez-les ensuite sécher sur place.

Si vous tenez au grain, attendez qu'il soit mûr et que les tiges soient sèches. Fauchez-les le matin à la rosée, ou par un temps couvert, et rentrez-les avec précaution.

Les vesces sont d'une grande utilité ; elles remplacent avantageusement, sur certains terrains, les cultures d'automne qui n'ont pas réussi.

Jarosse. — La jarosse fournit aussi un fourrage estimé. Son grain farineux, mêlé à celui des céréales, servait même jadis à faire un mauvais pain.

Cette plante réussit dans tous les terrains; elle se sème sur la fin d'août, à la volée, à raison d'environ deux hectolitres par hectare. On la fauche au printemps, si on manque de fourrage vert; ou bien on attend qu'elle soit en fleur pour la récolter comme les autres fourrages.

QUESTIONNAIRE.

Qu'est-ce que le sainfoin?
Quel sol exige-t-il?
Quand et comment se sème-t-il?
Quand et comment le récolte-t-on?
Combien de temps dure-t-il?
Qu'est-ce que la lupuline?
Quel est le terrain qui lui convient?
Comment se sème-t-elle?
Quand se récolte-t-elle?
Qu'est-ce que les vesces?
Combien y en a-t-il d'espèces?
Quel est le sol qu'elles exigent?
Quand et comment se sèment-elles?
Quand les récolte-t-on?
Qu'est-ce que la jarosse?
Comment doit-on la cultiver?

CHAPITRE NEUVIÈME.

LÉGUMES FARINEUX.

—

Vingt et unième Leçon.

—

Haricots. — Fèves.

Les légumes farineux, mes enfants, sont des plantes dont le grain, à substance blanche et solide, sert à notre alimentation. De ce nombre sont les haricots, les fèves, les lentilles, les pois, etc.

Haricots. — Nous distinguons deux espèces de haricots : les haricots à rames, et les haricots sans rames ou haricots nains.

Les haricots à rames sont ceux dont la tige grimpante s'attache à des rameaux ou petites branches qu'on leur donne pour appui ; ce sont ceux que vous voyez plus particulièrement dans les jardins.

Les haricots nains sont ceux dont la tige peu élevée se soutient sans appui, et qui se cultivent principalement en plein champ. Ils demandent un terrain frais, léger, bien ameubli, et un fumier d'autant plus abondant qu'ils précèdent ordinairement une céréale.

On les sème du 15 avril au 1er juin, en
rayons espacés de 30 à 40 centimètres, on en
met trois ou quatre grains pour chaque pied,
avec un intervalle de 15 à 20 centimètres. On
les enterre peu profondément. C'est ordinairement à la charrue ou à la houe que ce
semis s'exécute.

Quand ils sont sortis de terre, on leur
donne un léger binage, qu'on renouvelle plus
tard d'une manière plus complète; après quoi
on les laisse jusqu'à l'époque de la récolte.

Dès que les cosses vous paraissent sèches,
les haricots sont mûrs : c'est le moment de
les récolter. Vous les arrachez à la main,
vous les liez par petites bottes, vous les laissez un peu sur place, puis vous les rentrez,
et vous les suspendez dans un lieu sec et
bien aéré jusqu'au moment du battage.

Fèves. — Les fèves nous offrent une substance farineuse saine et substantielle propre
à notre alimentation et à celle des bestiaux.
Il y en a plusieurs variétés, parmi lesquelles
on distingue les *féverolles* ; elles ont la couleur
violette, et les cosses longues. Ce sont celles
qui servent plus spécialement à nourrir le
bétail et à engraisser les volailles,

Les fèves s'accommodent des terres fortes et compactes, préparées par un labour profond; elles viennent aussi sur un sol léger; mais ce qui leur convient le mieux c'est un terrain nouvellement défriché, luzerne, trèfle ou sainfoin.

On les sème, comme les haricots, en rayons, mais un peu plus espacées et un peu plus tôt, du mois de mars au mois d'avril. On en met environ deux hectolitres par hectare, et on les enterre à la charrue ou à la houe.

Quand elles sont levées, on les bine légèrement; on renouvelle cette façon avant que les tiges soient trop grandes, quelquefois même on les butte; enfin, au moment de la floraison, on coupe l'extrémité des tiges pour faire refluer la sève sur les gousses déjà formées, et favoriser le développement du grain.

Au mois de septembre elles commencent à prendre une teinte noire : c'est le signe de leur maturité. N'attendez pas trop alors pour les couper, et ayez soin de ne les rentrer que quand elles sont sèches. Les tiges vertes sont excellentes pour les bestiaux.

QUESTIONNAIRE.

Qu'appelle-t-on légumes farineux ?

Citez les principaux.

Combien y a-t-il d'espèces de haricots ?

Quel terrain leur faut-il ?

Quand et comment les sème-t-on ?

Quels soins exigent-ils ?

Quand et comment se récoltent-ils ?

Qu'est-ce que les fèves ?

Quel est l'usage des féverolles ?

Quel est le sol qui leur convient ?

Quand et comment se sèment-elles ?

Quels soins d'entretien demandent-elles ?

Quand et comment les récolte-t-on ?

Vingt-deuxième Leçon.

—

Lentilles. — Pois.

Lentilles. — Les lentilles, mes enfants, nous servent comme aliment, comme fourrage et comme engrais végétal. Elles servent comme aliment, quand on les récolte en grain; comme fourrage, quand on les coupe avant la floraison pour les bestiaux; enfin, comme engrais, quand on les enfouit en vert.

Elles se contentent d'un terrain léger, même de qualité médiocre, s'il est bien amendé, et surtout s'il n'y a pas trop d'humidité.

On les sème en avril, à la volée, quand on les cultive pour fourrage ou pour engrais;

mais si vous voulez les récolter en grain, vous ferez mieux de les semer en lignes. Dans l'un et l'autre cas, vous les recouvrez très-légèrement.

Les lentilles semées en lignes exigent, comme les haricots, un ou deux binages; elles viennent beaucoup mieux et fournissent un grain plus substantiel et mieux nourri.

On les coupe ou on les arrache dès que les feuilles sont un peu jaunes; on s'exposerait à perdre une partie du grain, si on attendait trop. On les laisse achever de sécher sur place, liées en petites bottes, après quoi on les rentre pour les battre, quand on en a besoin.

Si on veut les récolter comme fourrage, on les fauche au moment de la floraison; et avant de les serrer, on veille à ce qu'elles soient parfaitement sèches.

Pois. — Les pois nous offrent à peu près les mêmes avantages que les lentilles : un grain nourrissant, un fourrage passable, et un engrais vert assez estimé.

On en distingue deux variétés : les uns à rames, ce sont ceux des jardins; les autres sans rames, ce sont ceux que nous cultivons en plein champ.

Les pois s'accommodent des terres les plus pauvres, où on les enfouit comme engrais. Mais, en général, c'est sur les sols secs et légers qu'ils réussissent le mieux et qu'ils produisent le meilleur effet comme engrais vert, surtout lorsqn'il y a eu un peu de fumier.

Ils se sèment du 15 mars au 15 avril, presque toujours à la volée, et se recouvrent à la charrue. Ceux qu'on veut enfouir ne se sèment que pendant l'été, de manière à ce qu'au moment des semailles d'automne leurs tiges soient assez développées pour engraisser le terrain. On les enterre, autant que possible, par une forte rosée.

Le moment de la récolte varie selon qu'on les cultive pour le grain ou pour le fourrage. Dans le premier cas, on attend qu'ils soient mûrs ; on les fauche, puis on les rentre quand ils sont secs. Dans le second cas, on les coupe en pleine fleur ; ils restent quelque temps sur place. On les retourne plusieurs fois, et on ne les serre que quand on les trouve suffisamment desséchés. Les pois se mangent souvent verts, écossés. C'est un excellent mets s'ils sont tendres et bien assaisonnés.

Quel est l'usage des lentilles?

Quel terrain leur faut-il?

Quand et comment les sème-t-on?

Quels soins exigent-elles?

Comment se récoltent-elles?

Quels avantages offrent les pois?

Quelles terres préfèrent-ils?

Quand et comment se sèment-ils?

Quand et comment se récoltent-ils?

CHAPITRE DIXIÈME.

PLANTES-RACINES.

Vingt-troisième Leçon.

Pommes de terre.

Nous appelons *plantes-racines* ou plantes fourragères les plantes dont nous employons les racines comme aliments pour nous ou pour nos bestiaux. On les nomme aussi *plantes sarclées*, parce que leur disposition en lignes nous permet de leur donner les sarclages qui leur sont nécessaires. Ces plantes, par suite des engrais et des façons qu'on leur applique, contribuent à ameublir la terre et à la pré-

parer à la culture des céréales qui leur suc-
cèdent. Les principales sont : les pommes de
terre, les betteraves, les carottes, les panais,
les navets, les topinambours, et l'igname,
plante récemment introduite en France.

Pommes de terre. — La pomme de terre
est pour nous, après les céréales, la plus utile
de toutes les plantes. Elle sert à notre nourriture, comme à celle de nos animaux domestiques. C'est pour le pauvre et pour le riche
une précieuse ressource quand on manque de
grain ou de fourrage.

Elle demande un sol léger, labouré à une
certaine profondeur et fumé un peu à l'avance;
elle réussit aussi dans une terre forte où il n'y
a pas trop d'humidité; mais elle y est généralement moins bonne.

Les pommes de terre se plantent au mois
d'avril, en rayons, au moyen de la charrue. On
les dispose au fond du sillon à 30 ou 40 centimètres de distance, et de manière à laisser
entre chaque rayon un intervalle d'environ
50 centimètres. On les plante aussi à la houe,
c'est-à-dire dans des trous creusés à l'aide de
cet instrument et suffisamment espacés.

On choisit ordinairement les plus saines,
celles qui sont de moyenne grosseur. On les

coupe quelquefois en morceaux; mais on a tort : elles pourrissent plus vite et ne donnent pas d'aussi beaux tubercules. Vous ferez mieux de les planter tout entières. Je vous conseillerai même de les chauler pour les préserver de la maladie dont elles sont atteintes depuis plusieurs années.

Dès qu'elles sont sorties de terre, vous leur donnez un premier binage à la main; vous le renouvelez quelque temps après au moyen de la houe à cheval. Enfin vous y faites passer le buttoir; mais il faut pour cela que l'intervalle entre les rayons permette l'usage de ces instruments.

On les récolte dans le mois de septembre. Leurs fanes ou tiges, alors jaunes et desséchées, annoncent qu'elles sont en maturité. On les arrache à la houe, ou bien à la charrue, autant que possible par un beau temps. On les nettoie, on les débarrasse de la terre qui les entoure, et on les rentre le même jour. On les place, à l'abri de la gelée et de l'humidité, dans une cave ou dans une grange, où on a soin de leur ménager un courant d'air. On met de côté celles qui ne paraissent pas parfaitement saines; ce sont les premières que consomment les bestiaux.

QUESTIONNAIRE.

Qu'appelle-t-on plantes racines ?

Quelle est l'utilité de ces plantes ?

Citez les principales.

Quel avantage offrent les pommes de terre ?

Quel est le sol qui leur convient ?

Quand et comment les plante-t-on ?

Quelles sont celles qu'on choisit pour planter ?

Quels soins d'entretien leur donne-t-on ?

Quand et comment les récolte-t-on ?

Quelles sont les précautions à prendre pour les conserver ?

Vingt-quatrième Leçon.

—

Betteraves.

La betterave, mes enfants, est très-recherchée des bestiaux, surtout des vaches, qui ne sont pas moins avides des feuilles que des racines. Elle sert à la fabrication du sucre, de l'alcool; nous l'employons même comme aliment.

Cette plante veut un terrain riche, profond, largement fumé et ameubli par plusieurs labours. Ces labours se donnent avant et après l'hiver et à l'époque de l'ensemencement. On les accompagne toujours de hersages et de roulages à l'effet de briser les mottes et d'unir la surface du sol.

Nous avons plusieurs espèces de betteraves : la betterave de *Silésie*, espèce blanche, choisie pour les sucreries et les distilleries; la betterave champêtre ou *disette*, espèce rouge destinée à la nourriture du bétail; elle croît à moitié hors de terre : c'est, dit-on, la plus productive. On lui préfère cependant la betterave jaune ou *globe jaune*, comme étant moins aqueuse. Celle que nous cultivons pour notre usage est une petite betterave sucrée qui a sa place dans le potager.

Les betteraves se sèment du 1er avril au 15 mai, soit en pépinière pour être repiquées en rayons, soit sur place, en lignes ou à la volée. Dans le premier cas, le semis a lieu un peu plus tôt.

. Le semis en pépinière se fait sur un petit carré de terrain bien fumé et bien exposé, où on dispose la semence en rayons ou autrement. Dès que le plant est assez fort, c'est-à-dire au commencement de juin, on l'arrache avec précaution, on rogne la tige, on rafraîchit la racine et on la repique en rayons, au plantoir ou avec la charrue, en laissant 30 à 40 centimètres entre chaque pied, et 50 à 60

entre chaque ligne. On a soin de l'enfoncer
jusqu'au collet, de serrer la terre autour, et
d'arroser, autant que possible. Cette méthode
est bonne; mais elle a l'inconvénient d'exiger
beaucoup de main-d'œuvre.

Le semis en lignes est plus expéditif : vous
distribuez votre semence sur le sol par 2 ou
3 graines à la fois; vous l'enterrez à 4 ou
5 centimètres de profondeur, en mettant entre
chaque ligne et entre chaque pied à peu près
le même intervalle que dans le cas précédent.
Vous vous servirez avantageusement d'un
petit semoir roulant qui vous permettra une
distribution plus régulière de la graine; ou,
si vous le préférez, vous la déposerez dans
des trous faits au plantoir, où vous la recou-
vrirez d'un peu de terre que vous foulerez
légèrement.

Le semis à la volée s'exécute à peu près
comme celui des plantes fourragères; il exige
environ 15 à 18 litres de graine par hectare.
Mais un peu plus tard il faut éclaircir, c'est-à-
dire enlever les pieds trop rapprochés; il faut
garnir les places vides, c'est-à-dire repiquer,
où il en manque, ceux qu'on vient d'arracher.
Il faut, de plus, biner et sarcler, opérations qui
demandent des précautions, à cause de la dis-

position du plant. Le semis en lignes n'a pas cet
inconvénient; il réussit ordinairement mieux :
c'est celui que je vous conseille de préférence.

Aussitôt que les feuilles ont 4 à 5 centimètres, vous donnez un binage très-léger.
Vous le renouvelez environ trois semaines
après avec la houe à main ou la houe à cheval; vous recommencez même, quand c'est
nécessaire, pour détruire les mauvaises herbes
et pour ameublir le sol.

On a l'habitude, quand les betteraves sont
déjà un peu grosses, de cueillir une partie de
leurs feuilles qu'on fait consommer aux bestiaux; c'est un grand tort : on nuit ainsi au
développement de la racine. On doit se con-
tenter d'enlever celles qui commencent à se
faner, sans jamais toucher au bouquet central
de la plante.

On les récolte au mois d'octobre. Vous
les débarrassez d'abord de leurs feuilles, que
vous réservez pour les vaches; puis vous les
arrachez soit à la main, soit à la houe à dents;
vous les nettoyez bien, et vous les laissez un
peu ressuer sur place. Enfin vous les déposez
à la cave, ou dans tout autre endroit où elles
n'aient à souffrir ni du froid ni de l'humidité.

Dans les grandes exploitations, on les conserve dans des *silos;* ce sont des espèces de fosses ouvertes en terrain sec, où on les entasse jusqu'à ce qu'elles s'élèvent un peu au-dessus du sol en forme de toit. On les recouvre d'un lit de paille et d'une couche de terre battue. On aura eu soin, en les entassant, de ménager de place en place des espaces vides ou conduits pour les aérer et les préserver de pourriture.

QUESTIONNAIRE.

Quelle est l'utilité de la betterave?

Quel est le terrain qui lui convient, et comment doit-il être préparé?

Combien y a-t-il d'espèces principales de betteraves?

Quand et comment se sèment-elles?

Comment s'exécute le semis en pépinière?

Comment se fait le repiquage?

Comment se fait le semis en lignes?

Comment se fait le semis à la volée?

Quels soins exigent les betteraves?

Doit-on en cueillir les feuilles?

Quand et comment se fait la récolte?

Qu'appelle-t-on silos?

Vingt-cinquième Leçon.

Carottes. — Panais.

Carotte. — Vous connaissez, mes enfants, l'usage de la carotte comme aliment; c'est aussi pour les bestiaux une plante très-nour-

rissante ; elle remplace même une partie de la ration d'avoine pour les chevaux.

Cette racine, essentiellement pivotante, veut un terrain riche, peu argileux, ameubli par plusieurs labours profonds, et surtout largement fumé. Le fumier doit être bien consommé et enfoui à l'avance, et la surface du sol, unie par un bon coup de herse.

Les carottes se sèment du mois de mars au mois de mai, à la volée ou mieux en lignes, pour la facilité des sarclages. On distribue la graine à la main ou au semoir, et on la recouvre faiblement. On laisse un intervalle de 20 à 25 centimètres entre chaque ligne, et de 15 à 20 entre chaque pied. La quantité de graine varie de 3 à 4 litres par hectare ; elle ne doit pas avoir moins de deux ou trois ans.

Dès qu'elle est levée, on bine très-légèrement, de peur d'endommager le plant ; quelque temps après on éclaircit, puis on donne une façon plus complète qu'on renouvelle plus tard, si l'état du terrain l'exige.

Au mois d'octobre les carottes sont bonnes à récolter ; vous les arrachez à la charrue ou à la houe à dents ; vous coupez les tiges que vous donnez aux bestiaux. Vous nettoyez bien les racines, et quand elles ont un peu ressué sur place, vous les rentrez et vous les déposez, comme les pommes de terre et les betteraves, à la cave ou dans des silos. Cependant elles craignent peu le froid, et se conservent même en terre jusqu'aux fortes gelées.

Les carottes potagères, c'est-à-dire celles dont nous faisons usage, sont plus délicates et ont bien meilleur goût; on les cultive dans le jardin pour la consommation de la maison.

Panais. — Le panais, comme plante-racine, offre à peu près les mêmes avantages que la carotte, et réclame les mêmes soins; cependant on le cultive beaucoup moins. Il n'est pas très-sensible au froid, et se conserve parfaitement pendant l'hiver. Sa graine demande à être entièrement recouverte; autrement elle ne lèverait pas.

Nous distinguons deux espèces de panais : le panais long et le panais rond. Le panais long est le plus avantageux en raison du volume de sa racine; mais il lui faut un sol frais et profond. Le panais rond est moins gros, d'une culture plus facile, mais il est moins productif.

QUESTIONNAIRE.

Quel est l'usage de la carotte ?
Quel sol lui convient ?

Quand et comment se sèment les carottes ?
Quels soins exigent-elles ?

Vingt-sixième Leçon.

Navets. — Topinambours.

Navets. — Les navets, mes enfants, servent, comme les carottes, à notre alimentation et à celle de nos bestiaux ; mais ils sont moins substantiels et moins nutritifs, et ils ont aussi moins d'importance comme racines fourragères. Ils aiment un sol frais, léger, fumé et façonné au printemps.

On les sème en mai ou en juin, sur place, en lignes ou à la volée ; on recouvre légèrement la graine. Quand ils sont levés on bine, on éclaircit, et on donne plus tard une seconde façon, si on la croit nécessaire.

Au mois d'octobre on les arrache à la bêche ou à la charrue ; les feuilles sont mises de côté pour les bestiaux, et les racines placées en lieu sec pour être consommées l'hiver.

On les sème aussi au mois d'août en seconde culture. Une fois la récolte enlevée, on donne un simple labour, puis on répand la graine à la volée, par un temps couvert s'il est possible, et on ,l'enterre avec la herse. Les navets prennent racine pendant l'automne, ils passent l'hiver en terre, et au printemps ils produisent un assez bon fourrage vert qu'on fait consommer sur place.

Parmi les variétés de navets je vous recommanderai le navet de Suède, autrement dit *rutabaga*, à racine jaunâtre. Il est plus compacte, plus délicat, plus nourrissant que les autres : aussi est-il généralement préféré.

Il demande un sol riche, profond, frais et même un peu humide; il lui faut surtout assez de fumier. Il est robuste, résiste aux gelées et passe facilement l'hiver en terre. Il se sème, se cultive comme les autres navets, et exige les mêmes soins d'entretien.

Une autre variété assez estimée c'est la rave, connue sous le nom de *turneps*. Elle se contente d'un sol léger et sablonneux; on la sème en mai ou en juin, sur place et à la volée. Quand le plant est assez fort, on bine et on éclaircit. Au moment de la récolte, on choisit les plus belles têtes pour la consommation d'hiver, et on laisse en terre les plus petites,

6*

dont les tiges fournissent, au printemps, un assez bon fourrage.

Topinambours. — Le topinambour est un végétal à haute tige, à larges feuilles, dont les racines ressemblent à celles de la pomme de terre. Il est recherché des bestiaux et des volailles. Il croît à peu de profondeur, dans un terrain calcaire, bon ou mauvais, un peu sec et bien ameubli. C'est, comme vous le voyez, une plante d'une facile culture.

On plante les topinambours au mois de mars, à la charrue ou bien à la houe; on les dispose en lignes de manière à mettre une distance de 40 à 50 centimètres entre chaque pied, et de 70 à 80 entre chaque ligne.

Dès qu'ils ont atteint une certaine hauteur, on les sarcle, on les bine, et quelque temps après on les butte; ce sont là les seules façons qu'ils réclament. Ces tubercules ne gèlent pas; on les laisse en terre pendant l'hiver, et on les arrache à mesure qu'on en a besoin. Ils se reproduisent d'eux-mêmes, presque sans façon d'entretien, et durent indéfiniment.

Malgré ces avantages, je vous dirai qu'on les cultive peu, et cela parce qu'il est difficile de les détruire là où ils ont pris racine. Cependant on y parvient en les arrachant d'abord avec soin, puis en les remplaçant successivement par deux cultures différentes susceptibles d'être fauchées en vert et auxquelles on fait succéder une céréale. Il est rare qu'au moyen de ces précautions on n'arrive pas à les faire disparaître entièrement.

Igname. — L'igname est une plante encore peu connue dans nos contrées. Elle tient un peu de la pomme de terre, dont elle a le goût; elle réussit parfaitement dans les terrains légers et sablonneux et donne des produits abondants. Ce tubercule se multiplie avec une merveilleuse facilité, et se cultive à peu près comme la pomme de terre.

QUESTIONNAIRE.

A quoi servent les navets?

Quand et comment doit-on les semer?

Quels soins exigent-ils?

Comment les récolte-t-on ?

Ne les sème-t-on pas en seconde culture?

Qu'est-ce que le rutabaga?

Quel sol exige-t-il?

Comment se cultive-t-il?

Comment se cultive la rave ou turneps?

Qu'est-ce que le topinambour ?

Quel avantage offre-t-il?

Comment se plantent les topinambours?

Quels soins leur donne-t-on?

Comment se récoltent-ils?

Pourquoi ne sont-ils pas plus cultivés?

Comment parvient-on à les détruire?

Qu'est-ce que l'igname ?

CHAPITRE ONZIÈME.

PLANTES OLÉAGINEUSES.

Vingt-septième Leçon.

Colza.

Certaines plantes, mes enfants, produisent
une graine dont on extrait de l'huile, et se nomment, pour ce motif, plantes *oléagineuses*.
Les principales sont : le colza, la navette, la
cameline, le pavot.

Colza. — Le colza est une espèce de chou
à tige rameuse, dont la graine fournit une
huile propre à l'éclairage. Les pains ou tourteaux qui résultent de son résidu s'emploient
comme aliment pour les bestiaux, et même
comme engrais végétal. On cultive aussi le
colza comme fourrage.

Nous avons deux espèces de colza : celui
d'hiver et celui de printemps. Le dernier
croît beaucoup plus vite; mais il est moins
avantageux que le premier.

Choisissez pour cette plante un sol profond, argileux, frais sans excès d'humidité et convenablement amendé. Préparez-le par deux ou trois bons labours, et en dernier lieu par un hersage énergique. Cette plante s'accommode aussi d'un terrain moins riche, mais alors elle produit beaucoup moins.

Le colza d'hiver se sème au mois d'août en place, à la volée ou en lignes, ou bien au mois de juillet en pépinière, pour être repiqué en septembre ou octobre. Celui de printemps se sème en avril ou en mai, à la volée, et se récolte la même année. Dans ce dernier cas on emploie 10 à 12 litres de graine par hectare, et 7 ou 8 seulement dans le premier.

Le semis à la volée est des plus simples : vous le connaissez; mais il a des inconvénients qui doivent vous faire préférer le semis en lignes. Ce semis s'exécute à peu près comme celui de betteraves; il exige 40 à 50 centimètres entre chaque ligne, et 20 à 30 entre chaque pied, tantôt plus, tantôt moins, selon la qualité du terrain. Au mois de septembre ou d'octobre, quand la tige est déjà développée, on bine et on éclaircit. Au printemps on bine encore; on renouvelle même cette opération une fois au moins avant la récolte.

Le semis en pépinière se fait sur un petit carré de terrain bien façonné et abondamment fumé. On sème clair pour que le plant vienne mieux. Puis du 15 septembre au 15 octobre, on l'arrache avec soin, on le repique en lignes soit au plantoir, soit à la charrue.

Dès qu'il a pris racine, on lui donne un léger binage qu'on renouvelle d'une manière plus énergique au printemps. On le butte même quelquefois avant l'hiver pour le préserver du froid.

On le récolte au mois de juin, lorsque la teinte jaune des siliques indique que la graine est en partie mûre. N'attendez pas cependant que la maturité soit complète ; coupez-le le matin à la rosée, laissez-le quelque temps en javelles ou en meules, puis rentrez-le avec précaution, à moins que vous ne préfériez le battre sur place.

Le colza d'hiver produit de 20 à 30 hectolitres de graine par hectare ; celui de printemps, qui se récolte un peu plus tard, n'en produit guère que le tiers. Cent kilogrammes de la première rendent environ 40 kilogrammes d'huile, tandis que cent kilogrammes de la seconde n'en donnent pas plus de 30, et encore elle est de moins bonne qualité.

Comme plante fourragère, le colza succède immédiatement à une céréale. La moisson terminée, on le sème à la volée après un coup de charrue, et on l'enterre à la herse. Dès le mois de septembre, on le fait brouter légèrement par les moutons. Au printemps il repousse, et fleurit de très-bonne heure; on le fauche alors, et c'est un excellent fourrage pour les vaches laitières. Cette culture, cependant, n'est pas habituellement pratiquée; mais comme elle présente certains avantages, je vous engage, mes enfants, à en essayer; vous ne pourrez qu'y gagner.

QUESTIONNAIRE.

Qu'appelle-t-on plantes oléagineuses?

Indiquez les principales.

Quelle est l'utilité du colza?

Combien y en a-t-il d'espèces ?

Quel est le sol qui lui convient ?

Quand et comment se sème le colza?

Expliquez les différents semis.

Quels soins d'entretien demande le colza ?

A quelle époque se fait la récolte ?

Quelles précautions exige-t-elle ?

Quel est son rendement en graine et en huile?

Comment se cultive le colza comme plante fourragère ?

Vingt-huitième Leçon.

—

Navette.— Pavot.— Cameline.

Navette. — La navette, mes enfants, produit moins que le colza ; mais aussi elle est moins exigeante sur le choix du terrain, et se contente d'un sol léger, même médiocre, pourvu qu'il soit bien labouré et qu'il ait été suffisamment fumé.

On en distingue deux espèces : la navette d'hiver et la navette de printemps. La première est plus avantageuse ; vous gagnerez à la cultiver de préférence.

La navette d'hiver se sème à le volée, du 15 août au 15 septembre, à raison de 8 à 10 litres par hectare, et, si c'est possible, avant ou après une bonne pluie ; on l'enterre à la herse. Au printemps on éclaircit et on bine, s'il y a lieu, puis on l'abandonne jusqu'à la récolte.

On la coupe au mois de juin, avant que la graine soit entièrement mûre ; on la laisse un peu sécher sur place, après quoi on la rentre le matin ou le soir, en prenant les précautions nécessaires pour ne pas l'égrainer. Son rendement est de 12 à 15 hectolitres par hectare.

La navette de printemps rend un peu moins, mais elle vient beaucoup plus vite, et n'occupe le sol qu'environ deux mois. Elle se sème en mai ou en juin, à raison de 7 à 8 litres par hectare, et se récolte comme la navette d'hiver. Elle remplace avantageusement une céréale qui n'a pas réussi. et sert aussi comme engrais vert pour la semaille des blés.

Pavot. — Le pavot produit une graine d'où l'on extrait une huile douce connue sous le nom d'*œillette,* bien préférable pour notre usage à celle de navette et de colza. Cette plante se plaît sur un sol léger, mais riche et profond, bien ameubli et bien engraissé.

On le sème ordinairement au mois de février, après un coup de herse énergique, soit à la volée, soit en lignes, à raison de trois à quatre litres par hectare; on recouvre la semence très-légèrement avec le dos de la herse ou avec le rouleau.

Au mois d'avril, on commence à biner; on desserre les plants de manière à laisser entre eux une distance de 15 à 20 centimètres. On

7

renouvelle les binages avant la floraison, puis on attend jusqu'au mois d'août.

Dès que les capsules deviennent grisâtres, les pavots sont bons à récolter. On les coupe alors, ou on les arrache; on les lie par poignées, on les laisse un peu au soleil, où ils finissent de mûrir; on les rentre ensuite et on les conserve dans un lieu sec et bien aéré jusqu'au moment de les battre. Ils produisent 15 à 20 hectolitres de graine par hectare, et chaque hectolitre ne rend pas moins de 25 à 28 litres d'huile.

Cameline. — La cameline se cultive peu dans nos pays; cependant sa graine fournit une huile assez estimée; cette plante réussit dans les terres légères pour peu qu'on y mette de fumier et qu'on les façonne à propos.

On la sème dans la première quinzaine de juin, à la volée, à raison de 7 à 8 litres de graine par hectare; on l'enterre à la herse; puis, quand elle est levée, on éclaircit et on arrache les mauvaises herbes. C'est là le seul soin qu'elle réclame.

On la récolte en septembre; aussitôt qu'on la voit jaunir, on la coupe; elle achève de sécher sur place, après quoi on la serre, en prenant bien garde de l'égrainer. Elle produit environ 15 hectolitres de graine par hectare.

Quel est le sol qui convient à la navette?

Combien y en a-t-il d'espèces?

Quelle est la meilleure?

Quand et comment sème-t-on la navette d'hiver?

Quand et comment se récolte-t-elle?

Quand sème-t-on la navette de printemps?

Quel avantage offre-t-elle?

Quel avantage offre le pavot?

Quel est le terrain qui lui convient?

Quand et comment se sème-t-il?

Quels soins exige-t-il?

Quand et comment le récolte-t-on?

Quel est son rendement en graine et en huile?

Quel est l'usage de la cameline?

Quel est le sol qu'il lui faut?

Comment se cultive-t-elle?

CHAPITRE DOUZIÈME.

PLANTES TEXTILES.

Vingt-neuvième Leçon.

Chanvre. — Lin.

Parmi les plantes oléagineuses, mes enfants, il en est qui produisent des matières propres à la fabrication du fil, des tissus, des cordages.

On les nomme plantes textiles. De ce nombre sont le chanvre et le lin.

Chanvre. — Le chanvre veut une terre riche, féconde, nourrie d'engrais et labourée à fond. Sa graine porte le nom de *chenevis*. On appelle *filasse* les filaments qui entourent sa tige, et *chenevière* le terrain affecté à sa culture.

On donne aux chenevières au moins trois labours préparatoires : un avant l'hiver, un second après, et le troisième avant de semer. On laboure ordinairement à la charrue; mais vous ferez mieux de labourer à la bêche, surtout pour enterrer le fumier. Bêchez menu, bêchez profond, et ajoutez un coup de herse.

On sème au mois de mai, à raison de trois ou quatre hectolitres de chenevis par hectare, tantôt plus, tantôt moins, selon qu'on tient à la filasse ou à la graine.

On le recouvre à la herse; on écrase, on pulvérise les moindres mottes; enfin on répand par-dessus un peu de fumier bien consommé et bien divisé.

La graine ne tarde pas à lever. Au bout de quelques jours, la plante couvre le sol, étouffe les mauvaises herbes et grandit rapidement. Au mois de juillet on distingue, à la

teinte jaune des tiges, le *chanvre mâle* impro-
prement dit femelle du *chanvre femelle,* qui
contient la graine, et qu'on nomme à tort
chanvre mâle.

Le chanvre mâle se récolte dès les premiers
jours d'août; on l'arrache brin à brin, on le
lie en petites bottes; on l'étend au soleil en
faisceaux, et quand il est sec on le fait rouir,
c'est-à-dire qu'on le met dans l'eau pendant
huit à dix jours, afin d'en pouvoir détacher
ensuite, par le teillage, la matière fibreuse qui
enveloppe sa tige. Cette matière, couvertie en
filasse, puis en fil, sert à fabriquer la toile.

La récolte du chanvre femelle a lieu dans
le mois de septembre. On le coupe ou on
l'arrache un peu avant sa maturité; on le fait
sécher, et on le bat pour recueillir la graine,
après quoi on le soumet, comme le chanvre
mâle, à l'action du rouissage.

Le chanvre cultivé pour la filasse, c'est-à-
dire semé dru et épais, donne assez peu de
graine, de même que celui qui est cultivé pour
la graine, et qu'on sème clair, produit de la
filasse de mauvaise qualité.

Lin. — Le lin, mes enfants, nous offre les
mêmes avantages que le chanvre : une bonne
filasse pour les tissus, une bonne huile pour

l'éclairage et la peinture. C'est une plante qui se plaît plus particulièrement dans le Nord. Elle ne réussit pas aussi bien dans nos contrées; cependant on trouve que sa filasse y est très-estimée.

Il lui faut un terrain riche, largement fumé à l'avance et profondément ameubli; ce qui lui convient surtout, c'est une prairie naturelle ou artificielle nouvellement défrichée, un trèfle rompu par un bon labour, suivi d'un hersage énergique.

Il y a du lin de deux saisons : l'un de printemps et l'autre d'hiver; ils diffèrent peu, du reste, quant à la culture. Le premier se sème en mars, le second en septembre, tous les deux à la volée, à raison de deux ou trois hectolitres par hectare. Notez bien que le lin, comme le chanvre, donne d'autant plus de filasse qu'on sème plus épais, et d'autant plus de graine qu'on sème plus clair. La semence se recouvre à la herse, et parfois avec le rouleau; quand elle est levée, on pratique un léger binage, autant que le permet l'espacement des plants.

La récolte a lieu au mois de juin ou de juillet, pour le lin d'hiver, et au mois d'août ou de septembre pour celui de printemps. Dès que la tige est jaune, on le cueille, on le lie en poignées, et on l'étend au soleil jusqu'à ce qu'il soit parfaitement sec.

On attend un peu plus quand on tient à la graine; on la laisse mûrir complètement : le lin se bat et s'égraine alors beaucoup mieux. Le battage terminé, on le soumet au rouissage à l'effet d'en extraire ensuite les matières fibreuses qu'on transforme en filasse.

QUESTIONNAIRE.

Qu'appelle-t-on plantes textiles? Quelles sont les principales?

Quelle terre convient au chanvre?

Qu'appelle-t-on chenevis? Filasse? Chenevière?

Quels sont les travaux préparatoires nécessaires aux chenevières?

Quand et comment sème-t-on le chanvre?

Qu'entend-on par chanvre mâle et par chanvre femelle?

Quand et comment récolte-t-on le chanvre mâle?

En quoi consistent le rouissage et le teillage?

Quand et comment récolte-t-on le chanvre femelle? Comment obtient-on le chenevis?

Quel avantage offre le lin? Quel est le pays où il réussit le mieux?

Quel est le terrain qui lui convient?

Combien distingue-t-on d'espèces de lin?

Quand et comment sème-t-on chaque espèce de lin?

Quand et comment se récolte-t-il?

Quelle préparation lui fait-on subir après le battage?

CHAPITRE TREIZIÈME.

DES ANIMAUX DOMESTIQUES.

Trentième Leçon.

Écuries. — Étables. — Bestiaux.

Après l'homme, mes enfants, les animaux domestiques jouent le principal rôle en agriculture : ils nous aident dans nos travaux ; ils nous fournissent des engrais, et nous enrichissent de leurs produits. Ce sont pour nous des serviteurs, des auxiliaires indispensables : nous leur devons des soins particuliers.

Mais souvent ces soins leur manquent, et, en général, on ne s'occupe pas assez de l'entretien, de la conservation de leur santé. Comme nous, ils ont besoin d'air, de lumière et d'espace, et cependant vous les voyez tous les jours entassés dans des écuries, dans des étables basses, étroites, obscures, encombrées de fumier où ils ne respirent qu'un air vicié : rien, mes enfants, n'est plus malsain.

Il importe, avant tout, que vos écuries

soient commodes, saines, bien aérées et pro-
portionnées au nombre de vos bestiaux. Il
faut, pour cela, qu'elles aient de 3 à 4 mètres
d'élévation, et de 4 à 5 de surface par tête
de gros bétail; que le sol soit pavé ou bien
battu, et disposé de manière à favoriser au
dehors l'écoulement des urines. Il faut que les
murs soient de temps en temps lavés, blanchis
à l'eau de chaux, que le fumier y séjourne le
moins possible; enfin que tout y soit tenu
avec une extrême propreté.

Cette propreté est surtout essentielle pour
les animaux eux-mêmes. Le bœuf, la vache,
l'âne et le mulet demandent, comme le cheval,
à être pansés, brossés et même étrillés. Ils
ont besoin, quand ils rentrent fatigués, d'une
litière fraîche et abondante.

Le cheval exige des précautions particu-
lières. Ne l'exposez pas à passer brusquement
du chaud au froid; s'il est en sueur et que
vous soyez obligé de l'arrêter, jetez-lui une
couverture sur le dos. A l'écurie, laissez-le
souffler un peu avant de lui donner à manger;
bouchonnez-le avec soin, et évitez pour lui
les courants d'air.

Ce qui influe le plus sur la santé des bestiaux, c'est le régime alimentaire. Il convient

7*

de leur donner une nourriture suffisante et appropriée à leurs besoins; il convient surtout, si on tient à ce qu'ils soient toujours robustes et bien portants, de ne leur imposer qu'un travail modéré. Vous vous garderez bien, mes enfants, de les brutaliser; il y a une loi qui punit quiconque est convaincu de les avoir maltraités, et, dans certains cas, on encourt même la peine de la prison.

Enfin ils sont exposés à tomber malades; il importe qu'ils soient bien soignés. Aussitôt que vous vous apercevez qu'un animal ne mange plus, qu'il a un air abattu, une démarche chancelante, hâtez-vous d'appeler le vétérinaire, plutôt qu'un charlatan, comme il s'en trouve quelquefois qui pourrait imprudemment tuer votre bête et vous causer un notable préjudice, sans que vous ayez le moindre recours à exercer contre lui.

QUESTIONNAIRE.

Quelle est l'utilité des animaux domestiques en agriculture ?

Comment les écuries, les étables doivent-elles être disposées?

Comment doivent-elles être tenues?

Quels soins de propreté exigent les bestiaux?

Qu'est-ce qui influe le plus sur leur santé?

Doit-on les maltraiter?

Que doit-on faire quand un animal paraît malade?

Trente-unième Leçon.

—

Espèce chevaline.

Les animaux domestiques qui intéressent le plus l'agriculture appartiennent à quatre espèces différentes : l'espèce chevaline, l'espèce bovine, l'espèce ovine et l'espèce porcine. Je veux, mes enfants, vous entretenir de ce qui concerne chaque espèce.

L'espèce chevaline comprend le cheval dont la femelle est la jument, puis l'âne et le mulet.

Cheval. — Le cheval est le plus précieux et le plus utile de tous. Nous l'employons soit pour la course à la selle ou à la voiture, soit pour les travaux agricoles ou pour le service du roulage, et partout nous trouvons en lui un serviteur laborieux et docile.

Il se reproduit et s'élève dans nos fermes, dans nos campagnes. Mais il est des contrées où la reproduction de cet animal est l'objet d'une industrie particulière, et même d'une spéculation importante. Ainsi, la Normandie, la Bretagne, le Poitou, la Franche-Comté, la

Lorraine, etc., sont renommés pour les chevaux qu'on y trouve.

Les juments poulinières doivent être traitées avec le plus grand soin pendant la durée de la gestation, qui est de onze mois. Il leur faut une bonne nourriture et d'autant moins de fatigue qu'elles approchent davantage du moment de mettre bas.

Le poulain vit d'abord du lait de la mère; il reste en liberté autour d'elle; il la suit, l'accompagne aux champs et prend peu à peu de la force et de la taille; à deux ou trois mois. il commence à manger : vous lui donnez un peu de fourrage tendre avec quelques poignées d'avoine concassée. Vous augmentez insensiblement la ration; puis, quand il est habitué à ce régime, vous finissez par le sevrer.

Gardez-vous de le faire travailler trop tôt, la fatigue nuirait au développement de ses membres. Vous ne pouvez guère avant vingt mois le soumettre à un travail continu, et pour l'y accoutumer, il faut beaucoup de douceur et de patience.

Un cheval fait travaille, en moyenne, de huit à neuf heures par jour, en deux *attelées* séparées par un repos de deux ou trois heures pendant lequel il prend sa nourriture. Ce n'est guère qu'à deux ou trois ans qu'un jeune cheval peut faire le même service.

Les chevaux mangent trois fois par jour, et à des heures fixes et régulières : le matin, au milieu de la journée, et le soir. En temps ordinaire, 8 à 10 kilogrammes de fourrage, foin, luzerne, sainfoin, etc., avec 5 kilogrammes de paille et 8 à 10 litres d'avoine peuvent leur suffire ; mais lorsqu'ils fatiguent, il est nécessaire d'augmenter la ration d'avoine, et d'y ajouter parfois un peu de son ou de farine d'orge légèrement humectée.

En hiver, quand ils restent à l'écurie, on leur donne moins d'avoine, de foin ou d'autre fourrage ; on y supplée par de la paille, des betteraves, ou mieux encore par des carottes dont ils sont assez friands.

Au printemps, on les met quelquefois au vert. Ce régime a pour effet de les purger, de leur purifier le sang, et de guérir même certaines indispositions ; mais il ne convient qu'à ceux qui travaillent peu ou qu'on est obligé de laisser au repos.

Les chevaux, comme nous, mes enfants, perdent leur force avec l'âge ; ils s'usent d'autant plus vite qu'on en a moins soin. Ainsi, il n'est pas rare de voir un cheval de douze ou quinze ans tout-à-fait hors de service, tandis qu'un autre de même âge conserve encore une partie de sa vigueur, et cela parce qu'on a abusé de l'un et qu'on a ménagé l'autre. Avec un travail modéré, les chevaux peuvent servir plus de vingt ans. Vous voyez combien vous avez intérêt à les bien soigner.

Le choix d'un bon cheval exige de l'expérience, et même certaines connaissances; il n'est pas toujours prudent de s'en rapporter à soi-même. Voici, mes enfants, ce qu'il y a surtout à rechercher dans un cheval de trait :

Il doit être épais, court et ramassé; avoir la poitrine et la croupe larges, les épaules fortes, le corps arrondi et musculeux, la démarche hardie et le pas assuré. Ces signes vous tromperont rarement.

J'ajouterai sur la conduite de cet animal des recommandations que je crois utiles :

Ne le laissez jamais dans la rue sans l'attacher, il pourrait en résulter de graves inconvénients. D'ailleurs, c'est une imprudence que la police condamne.

S'il est un peu chargé, arrêtez-le de temps en temps dans les montagnes; dans les descentes, enrayez fortement les roues, et soutenez-le par la bride.

N'abusez pas du fouet, il s'y habituerait et finirait par y devenir insensible; ne vous en servez que quand c'est réellement nécessaire.

Veillez bien à ce qu'il n'ait pas un collier trop étroit qui lui blesse les épaules, et surtout à ce qu'il ne reste pas long-temps déferré.

Quand deux voitures ont à se croiser, il est de règle qu'elles appuient l'une et l'autre sur leur droite, de manière à ne pas se heurter.

Ne montez jamais dans votre voiture sans avoir des guides pour conduire, et ne vous exposez pas la nuit sans lanterne; c'est là une double infraction au règlement de la police du roulage.

Ane. — L'âne diffère du cheval quant à la forme et à la beauté : on l'emploie, comme lui, à la charrue et à la voiture; il porte sur son dos de lourds fardeaux et sert même quelquefois de monture. Sa force, sa patience et sa sobriété le font rechercher des gens peu aisés, surtout dans les contrées vignobles. Cependant on n'est pas toujours juste à son égard, et les mauvais traitements sont souvent le prix de ses services, ce qui le rend parfois têtu et paresseux.

Cet animal mange peu, s'accommode de tout ce qu'on lui donne; il est plus difficile pour la boisson, il lui faut une eau claire et sans mauvais goût. Il craint de se mouiller les pieds, il se détourne pour éviter la boue, et on a peine à lui faire traverser le moindre ruisseau. Vous ne sauriez, mes enfants, avoir trop de ménagements pour cet utile serviteur.

Mulet. — Le mulet est le produit de l'âne et de la jument. Ses services, comme animal de trait, ne sont pas moins appréciés que ceux du cheval; il est plus sobre, plus frugal, et résiste mieux à la fatigue; mais il est quelquefois entêté, capricieux, et si on lui fait subir des mauvais traitements, il en garde rancune au point de s'en venger.

Les mulets sont préférés aux chevaux dans les pays de montagnes, là où les fourrages sont maigres et peu abondants. Ils font presque autant d'ouvrage et coûtent moins à nourrir; mais ils n'ont rien de gracieux dans la forme et ne sont nullement propres à la course : ils tiennent en cela de l'âne.

QUESTIONNAIRE.

Quels sont les animaux domestiques les plus utiles en agriculture?

Quels sont ceux de l'espèce chevaline?

Quelle est l'utilité du cheval?

Quelles sont les contrées qui produisent les meilleurs chevaux?

Quels soins donne-t-on aux juments poulinières?

Comment le poulain s'élève-t-il?

A quel âge doit-il commencer à travailler?

Combien d'heures par jour un cheval fait peut-il travailler?

Comment doit-il être nourri en été? en hiver?

Convient-il de mettre les chevaux au vert?

Combien d'années un cheval peut-il durer?

A quels signes reconnaît-on un bon cheval de trait?

Quelles précautions exige la conduite du cheval?

Citez quelques recommandations à ce sujet.

Quelle est l'utilité de l'âne et quelles sont ses qualités?

Est-il difficile à nourrir?

Quel caprice lui reproche-t-on?

Comment doit-il être traité?

Qu'est-ce que le mulet, et quelle est son utilité?

Ne préfère-t-on pas quelquefois les mulets aux chevaux?

Trente-deuxième Leçon.

—

Espèce bovine.

L'espèce bovine, mes enfants, comprend principalement le bœuf et la vache, dont vous connaissez les services et dont vous savez apprécier l'utilité.

Bœuf. — Le bœuf est souvent préféré au cheval pour les labours; il va moins vite, fait moins d'ouvrage, il est vrai, mais il coûte moins à entretenir, et il a bien plus de valeur quand il est, comme lui, hors d'état de travailler.

Il y a des bœufs qui ont peu d'aptitude au travail et qu'on n'élève que pour le commerce de la boucherie : tels sont ceux du Charolais, de la Normandie ; telle est surtout la race Durham qui nous vient d'Angleterre.

Il en est d'autres, au contraire, ce sont les bœufs de trait, qu'on emploie aux travaux des champs avant de les engraisser pour les conduire à l'abattoir : tels sont ceux du Nivernais, de l'Auvergne.

Les premiers sont mis à l'engrais dès qu'ils ont pris toute leur croissance, à trois ou quatre ans; les autres, quand ils ont cessé de travailler, à neuf ou dix ans, plus tôt ou plus tard, selon les circonstances. L'engraissement a lieu dans les pâturages, si l'herbe y est abondante, autrement il vaut mieux engraisser à l'étable, on a le fumier en plus.

Le régime des bœufs à l'engrais doit être progressif, c'est-à-dire, que leur nourriture doit augmenter graduellement de qualité comme de quantité. Vous leur donnez d'abord du fourrage, puis des racines fourragères, carottes, betteraves ou pommes de terre cuites. Vous y joignez des *buvées* à la farine d'orge ou de seigle avec des tourteaux de colza, de chenevis ou de navette bien pulvérisés, le tout assaisonné de sel pour stimuler leur appétit. Vous leur distribuez régulièrement leur ration aux mêmes heures, en l'augmentant un peu chaque jour jusqu'à un certain moment.

Cependant il ne convient pas de trop presser l'engraissement, il vaut mieux proportionner la ration à l'augmentation ou à la diminution de leur appétit et à la progression de leur embonpoint. Il importe aussi de les tenir à l'étable dans un état complet de calme et de tranquillité, avec peu de lumière, avec le même air, la même température, et de ne rien leur épargner en fait de soins de propreté.

Avec un bon régime, ils ne mettent pas plus de trois à quatre mois à s'engraisser, surtout si c'est en hiver; ils n'ont pas alors à souffrir des mouches ni de la chaleur, et on a plus le temps de s'en occuper. C'est ordinairement cette saison qu'on choisit à cet effet, elle est la plus favorable.

Les bœufs de trait commencent à travailler à environ deux ans, quelques heures par jour d'abord, puis un peu plus, au fur et à mesure qu'ils s'y habituent. Il faut, pour les dresser, beaucoup de douceur et de précautions. Gardez-vous surtout de les maltraiter, vous les rendriez rétifs et même dangereux.

On les attelle soit au joug, soit au collier. Le premier mode est le plus ancien et le plus en usage chez nous; le second est plus commode, moins fatigant, et semble même plus convenable et plus naturel.

Employés à la culture, les bœufs travaillent sept à huit heures consécutives à partir du matin, mais il leur faut le reste de la journée pour se reposer. On les conduit au pâturage avant de les ramener à l'étable.

On calcule qu'un bœuf ne consomme pas moins de 10 à 12 kilogrammes de nourriture par jour. Cette nourriture, dans la saison des travaux, doit être fortifiante et se composer du meilleur fourrage. On réserve pour l'hiver le plus commun, auquel on joint des pommes de terre, des betteraves, etc., etc.

Vache. — La vache nous fournit, de plus que le bœuf, du laitage et des veaux. Il en est cependant qu'on n'élève que pour le commerce de la boucherie et qu'on met de bonne heure à l'engrais. Les autres sont les vaches laitières. Je me bornerai, mes enfants, à vous parler de ces dernières.

Bien que les vaches laitières semblent exclusivement destinées à la reproduction, il est des contrées où on les applique à la culture. C'est évidemment un tort : une vache qui.fatigue a peu de lait. Si vous voulez la soumettre au travail, que ce travail n'ait rien de pénible ; ménagez-la surtout pendant la gestation, et donnez-lui une bonne nourriture.

Après la gestation, les vaches exigent un régime très-confortable, de bonnes soupes ou *buvées* aux betteraves, aux pommes de terre cuites, avec des tourteaux de chenevis, de navette, etc.; des boissons rafraîchissantes à la farine d'orge, et par-dessus tout un excellent fourrage. Plus leur nourriture sera substantielle, plus elles auront de lait.

Voici à quels signes vous reconnaîtrez une bonne vache à lait : elle a le cuir fin, facile à manier ; le pis volumineux, souple, s'allongeant sous le ventre ; les veines à lait grosses, aboutissant à une source bien ouverte, les hanches et le bassin larges ; enfin les cornes assez courtes, les épaules et le poitrail charnus.

On sèvre les veaux au bout d'un mois, six semaines, soit pour les élever, soit pour les vendre à la boucherie ; on jouit ensuite du laitage. Il en est cependant qui tètent au moins trois ou quatre mois : ils deviennent énormes, et dédommagent, par l'argent qu'on en tire, du lait qu'il a fallu pour les nourrir.

C'est l'usage de mener paître les bestiaux, on économise ainsi le fourrage, mais on perd du côté du fumier; on gagnerait à les garder à l'étable, si on avait de quoi les nourrir toute l'année ; mais cela n'est pas toujours possible : d'ailleurs on a des regains à faire consommer sur place, et en somme les bons pâturages sont toujours recherchés.

Nous avons vu, mes enfants, que certains fourrages, et notamment le trèfle, mangés en vert, peuvent occasionner une sorte de maladie, c'est la *météorisation;* elle se manifeste par le gonflement des flancs, surtout du côté gauche; l'animal finirait par périr s'il n'était promptement secouru.

Voici comment on le traite alors : on le promène un peu, les flancs couverts de linges imbibés d'eau froide. Si le gonflement continue, on lui fait boire deux ou trois verres d'eau contenant une ou deux cuillerées d'ammoniaque; on renouvelle la dose une demi-heure après, si c'est nécessaire. Si le mal résiste, on perce légèrement le flanc gauche;

le gaz qui produisait le gonflement s'échappe, et l'animal est bientôt guéri.

Je ne vous ai rien dit du taureau : c'est le jeune bœuf, qui sert quelques années à la reproduction, après quoi il est employé comme bête de trait. C'est un animal avec lequel il ne faut pas jouer ; il deviendrait dangereux si on venait à l'irriter. Nous avons des exemples de graves accidents occasionnés par des taureaux devenus furieux.

QUESTIONNAIRE.

Que comprend l'espèce bovine ?

Le bœuf n'est-il pas parfois préféré au cheval ?

Tous les bœufs sont-ils propres au travail ?

Quand doit-on commencer à les engraisser ?

Quel doit être alors leur régime ?

Est-il nécessaire de presser l'engraissement ?

Combien de temps exige-t-il ?

Quand les bœufs commencent-ils à travailler ?

Comment les dresse-t-on au travail ? Comment les attelle-t-on ?

Combien de temps travaillent-ils par jour ?

Quelle doit être leur nourriture ?

Quel est l'avantage de la vache sur le bœuf ?

Combien y a-t-il de sortes de vaches ?

Doit-on faire travailler les vaches laitières ?

Quel régime exigent-elles après la gestation ?

A quels signes reconnaît-on une bonne vache ?

Quand faut-il sevrer les veaux ?

Vaut-il mieux nourrir les bestiaux à l'étable que de les faire paître ?

Qu'est-ce que la météorisation et comment se traite cette maladie ?

Qu'est-ce que le taureau ? Quelles précautions faut-il prendre à l'égard de cet animal ?

Trente-troisième Leçon.

—

Espèce ovine.

L'espèce ovine ou les moutons ajoutent beaucoup à la valeur du revenu agricole par la laine, par la chair et par les engrais qu'ils fournissent. Vous aurez donc un grand avantage, mes enfants, si vous le pouvez un jour, à avoir un troupeau.

On distingue dans un troupeau : le mouton proprement dit, ainsi que le bélier, ce sont les mâles de l'espèce; la brebis, qui en est la femelle, et l'agneau, ou le jeune animal qu'elle produit.

L'espèce ovine se divise en plusieurs variétés, dont les principales sont : la race commune, la race mérinos, la race anglaise et la race mixte ou métisse, formée du croisement des autres.

La race commune donne la laine la plus grossière et les bêtes de la plus petite taille;

elle est facile à nourrir, elle réussit dans les endroits secs, dans les pays de montagnes où elle est généralement préférée.

La race mérinos nous vient d'Espagne, c'est la plus estimée pour la finesse de sa laine dont on fait de riches tissus, mais cette race est délicate, elle ne se plaît que dans des pâturages riches et bien sains.

La race anglaise, excellente pour la boucherie, produit une laine assez fine sans être de première qualité, mais cette race est sensible à la chaleur et craint beaucoup la fatigue; elle engraisse très-facilement.

Les métis tiennent du mérinos pour la qualité de la chair et de la laine, seulement ils sont plus forts, plus robustes et s'élèvent sans trop de difficulté.

On remarque que c'est dans les meilleurs pâturages que les moutons ont ordinairement la plus belle chair, et que c'est dans les plus maigres qu'ils ont la plus belle laine.

Si vous devez avoir un troupeau, choisissez une race propre au pays que vous habitez, et au but que vous vous proposez. Des bêtes de petite taille réussiront mieux sur la montagne; des métis, dans la plaine, vous donneront à la fois plus de chair et plus de laine.

8

En général, dans la petite culture, prenez plutôt la race commune, vous y gagnerez davantage.

Ce qui importe surtout à la prospérité d'un troupeau, c'est à l'intérieur un bon régime, et au dehors des soins intelligents. La bergerie doit être assez grande, assez aérée pour que les moutons y soient à l'aise; elle doit être propre, bien tenue, garnie d'auges, de râteliers, et pourvue d'une bonne litière.

Leur nourriture, en hiver, consiste en paille, en fourrage sec et en racines, telles que pommes de terre, betteraves, auxquelles on ajoute un peu de son. Chaque bête consomme par jour environ un kilogramme de racines et un demi-kilogramme de fourrage.

Dans la belle saison ils coûtent beaucoup moins, ils trouvent dans les pâturages ce qui leur est nécessaire; tout repose alors sur les soins du berger. Un bon berger recherche les meilleurs herbages, il évite l'humidité, la rosée et les plantes nuisibles, il se préoccupe du bon état de son troupeau; il ne l'expose ni à la fatigue ni à la chaleur, il le protége même contre la dent de ses chiens.

On prétend, mes enfants, qu'au lieu de conduire les moutons aux champs, il vaudrait mieux les nourrir à l'étable. Le mouvement, la marche, dit-on, les variations de température empêchent que les aliments ne leur profitent autant que s'ils étaient constamment en repos, avec une nourriture bien réglée. Leur éloignement, d'ailleurs, occasionne chaque jour une perte d'engrais.

Tout cela est vrai, s'il était question de moutons à engraisser; mais dès qu'il s'agit de jeunes bêtes, de brebis-mères, nous croyons que l'exercice ne peut que leur être favorable, et qu'il y a avantage à les faire paitre. D'ailleurs l'entretien du troupeau à l'étable serait très-dispendieux.

On engraisse les brebis dès qu'elles sont hors d'état de porter, et les moutons à l'âge de deux ou trois ans; on choisit pour cela l'automne ou l'hiver. On leur distribue d'abord du fourrage, foin, trèfle ou luzerne, puis des racines, pommes de terre ou betteraves hachées; on y ajoute du son, de la farine d'orge, ou bien des grains ou des tourteaux pulvérisés; on augmente graduellement leur ration, et on les laisse autant que possible à l'étable sans les déranger.

Il est des contrées, mes enfants, où les troupeaux, en été, passent la nuit en plein air dans des enceintes ou parcs formés de cloisons mobiles qu'on transporte à volonté d'un lieu à un autre. Cet usage, connu sous le nom de parcage, existe là surtout où les pailles manquent pour litière. Le parcage a ses avantages; les terres où séjournent les moutons reçoivent d'excellents engrais; mais, comme le changement subit de température est peu favorable à ces animaux, vous ferez bien de ne pas trop les y exposer.

Le moment où les brebis exigent le plus de soins, c'est quand elles viennent de mettre bas, ce qui arrive ordinairement en décembre ou en janvier; tenez-les alors, avec leurs agneaux, dans une écurie séparée, bien close et garnie de paille fraîche. Veillez à ce qu'elles aient une nourriture saine et substantielle, de bon fourrage, des racines, du son en abondance, dont vous renouvellerez chaque jour plusieurs fois la ration.

Au bout de six semaines les agneaux commencent à manger. Donnez-leur d'abord des aliments tendres et délicats, ils s'y habitueront peu à peu, et quatre ou cinq mois après vous devrez les sevrer.

Le lait de brebis sert quelquefois aux mêmes usages que le lait de vache; il est, dit-on, plus gras et contient plus de crême, mais il est beaucoup moins agréable au goût.

La tonte des moutons a lieu au mois de juin. Dans plusieurs pays où l'usage du commerce l'exige, on les lave avant l'opération. Une fois dépouillés de leur toison, il convient de les garder à la bergerie une bonne partie de la journée, et de ne les faire sortir que le matin et le soir ; ils auraient alors trop à souffrir des mouches, des insectes qui s'attacheraient à leur peau, et dont rien dans ce cas ne pourrait plus les garantir.

Ces animaux sont sujets à plusieurs maladies ; je me contenterai, mes enfants, de vous parler des principales qui sont : le *tournis*, le *piétin*, la *gale*, la *clavelée*.

Le tournis se manifeste par des agitations convulsives, par une sorte de tournoiement dû à la présence dans le cerveau d'une sorte de ver qui finit par occasionner la mort. Jusqu'ici on n'a trouvé aucun remède efficace contre cette affection. Cependant on conseille l'application d'un fer chaud sur le front, entre les deux yeux de l'animal.

Le piétin est une petite tumeur qui vient au mouton sous la corne du pied, l'empêche de marcher, lui ôte la force et l'appétit et amène le dépérissement.

Dès que vous vous apercevez qu'il commence à boiter, nettoyez-lui bien le pied, de manière à mettre cette tumeur à jour; puis humectez-la légèrement d'eau forte. Cette maladie provient surtout de la malpropreté et de la mauvaise tenue de l'étable.

La gale est un petit bouton rouge qui pousse à la peau de l'animal, lui cause des démangeaisons cuisantes, et endommage sa toison. On arrache avec précaution la mèche de laine qui recouvre ce bouton, on le fend avec la pointe d'un canif, et on le frotte avec une pommade préparée à cet effet.

La clavelée dite aussi *claveau*, est bien plus à craindre parce qu'elle est contagieuse et qu'elle exerce de grands ravages. Il suffit d'un seul troupeau gâté pour perdre tous ceux d'un canton. L'animal qui en est atteint tousse, il a la tête basse et le nez morveux. Cette maladie est difficile à guérir, mais il est possible de la prévenir par l'inoculation. Il faut, dans ce cas, avoir recours à un homme de l'art.

QUESTIONNAIRE.

Quelle est l'utilité de l'espèce ovine ?

Que distingue-t-on parmi les moutons ?

Quelles sont les principales races de l'espèce ovine?

Indiquez les avantages de la race commune, de la race mérinos, de la race anglaise et des métis.

Qu'y a-t-il à considérer pour avoir un bon troupeau?

Comment doit être disposée la bergerie?

Quelle doit être la nourriture des moutons?

Quels sont les soins d'un bon berger?

Vaut-il mieux faire paître les moutons que de les nourrir à l'étable?

Quand doit avoir lieu l'engraissement des brebis et des moutons?

Quel est alors leur régime?

En quoi consiste le parcage, et quelle en peut être l'utilité?

Quels soins exigent les brebis qui viennent de mettre bas?

Quand faut-il sevrer les agneaux?

Quel usage fait-on quelquefois du lait de brebis?

Quand doit se faire la tonte des moutons?

Quelles précautions ces animaux exigent-ils après cette opération?

Quelles sont les principales maladies auxquelles ils sont exposés?

Comment se manifestent le tournis, le piétin, la gale et la clavelée?

Comment se traitent ces sortes de maladies?

Trente-quatrième Leçon.

—

Espèce porcine.

J'ai encore, mes enfants, à vous entretenir de l'espèce porcine, c'est-à-dire du porc ou cochon, dont le mâle porte le nom de *verrat* et la femelle celui de *truie*. C'est un animal fort utile, surtout pour les gens de la campagne, auxquels il fournit presque la seule viande qu'ils consomment.

Il est, comme vous savez, très-facile à nourrir; il se jette avidement sur les aliments les plus grossiers. Quelques poignées de son ou de farine délayées dans des eaux grasses, des pommes de terre crues, du lait caillé, un peu de fourrage vert en été. telle est à peu près sa nourriture jusqu'au moment de l'engraissement.

L'espèce porcine comprend plusieurs races qui se réduisent à deux principales : la grande race et la petite.

La grande race est la race française; elle a les jambes longues, les oreilles pendantes, le corps allongé; elle engraisse moins vite et plus difficilement; mais sa chair est meilleure.

La petite race a les jambes courtes, le ventre traînant. la tête et le corps raccourcis. Elle engraisse très-promptement, mais sa chaire est moins délicate; c'est la race dite *tonquin* qui nous vient de la Chine.

Les Anglais ont modifié cette race et ont obtenu une variété nommée *anglo-chinoise* qui a produit avec la race française une nouvelle variété dite race *anglo-française*. C'est cette race et la grande race française qui sont les plus répandues. La première est plus avantageuse pour le commerce et pour la spéculation ; la seconde est préférable pour la consommation du ménage.

Le porc craint la chaleur : sa loge doit, autant que possible, être située au nord et bien aérée, carrelée avec une légère pente pour l'écoulement des urines, et garnie d'une auge s'ouvrant au dehors. Cet animal, quand il sort, aime à se vautrer dans la fange ; il a besoin d'être lavé souvent et tenu avec propreté.

On commence à l'engraisser dès qu'il est à peu près à son terme de croissance, à 10 mois, un an ; on emploie à cet effet des pâtées de pommes de terre cuites avec des eaux de cuisine, des préparations de farine d'orge et de petit lait légèrement aigries par la fermentation. On fait aussi usage de sarrasin, de maïs, de gland dont cet animal est très- avide. On varie ces aliments, on lui en donne plus ou moins, selon que son appétit augmente ou diminue. Après trois ou quatre mois d'un pareil régime il arrive au degré d'engraissement qu'on désire.

La truie porte environ quatre mois ; elle a besoin, pendant la gestation, d'être bien nourrie et d'avoir des boissons rafraîchissantes.

Elle produit d'une seule portée jusqu'à 8 ou 10 petits qui vivent d'abord de son lait et qu'on sèvre à l'âge de six semaines, deux mois.

On commence pour cela par les séparer de la mère, de manière à ce qu'ils ne tètent plus qu'une fois ou deux par jour; on les habitue à boire du lait de vache tiède légèrement sucré; puis on y substitue un peu d'eau blanchie à la farine d'orge, à laquelle on finit par ajouter quelque chose de plus substantiel. Ces petits animaux sont très-sensibles au froid; il est nécessaire de les tenir chaudement pendant l'hiver.

QUESTIONNAIRE.

Quel avantage offre le porc? Quelle est sa nourriture ordinaire?

Combien l'espèce porcine comprend-elle de races?

Quelles sont les deux races préférées en France?

Comment doit être disposée la loge du porc?

Quand doit-on l'engraisser?

Quels doivent être alors ses aliments?

Combien de temps met-il à s'engraisser?

Comment la truie doit-elle être nourrie pendant sa gestation?

Combien fait-elle de petits et comment vivent-ils?

A quel âge les sèvre-t-on et comment s'y prend-ou?

Quels soins exigent-ils en hiver?

CHAPITRE QUATORZIÈME.

JARDINAGE.

Trente-cinquième Leçon.

Etablissement, distribution du jardin, couches.

Ce n'est pas tout, mes enfants, que de faire produire à la terre du grain pour nous nourrir, il ne nous faut pas que du pain, vous le savez, et à la campagne, si parfois on mange de la viande, on mange bien plus souvent des légumes ; ces légumes ordinairement sont assez rares, il faut les prendre en ville, et ils coûtent un peu cher.

Cependant on peut en avoir à bon marché quand on possède un jardin et qu'on s'en occupe tant soit peu. Mais habituellement on n'en prend pas la peine : on a, dit-on, trop à faire pour passer son temps à jardiner. De là le triste état de la plupart des potagers de village, qu'on laisse envahir par les mauvaises herbes, et où on ne récolte presque rien. Il serait pourtant si facile d'en tirer profit ! Un peu de bonne volonté et quelques heures de travail par semaine suffiraient pour se procurer, en fait de légumes, de quoi alimenter tout un ménage; ce serait à la fois une précieuse ressource et une grande économie.

Je désire bien, mes enfants, que vous compreniez toute l'utilité du jardinage, dont je vais vous donner les premières notions. Vous êtes déjà de force à manier la bêche et l'arrosoir. Nous ne nous bornerons pas aux leçons de l'école, je vous enseignerai encore à les mettre en pratique, à dresser votre petit jardin, et à y cultiver les plantes potagères les plus essentielles aux besoins de votre maison; je dirigerai, je surveillerai moi-même vos premiers essais. et bientôt, je l'espère, grâce à nos communs efforts, nous verrons se répandre le goût du jardinage. Ce sera une neuvelle source de bien-être pour vos familles.

Ce qui nuit souvent à la bonne tenue du jardin à la campagne, c'est le dégât qu'y font les volailles, s'il n'est pas parfaitement clos : aussi importe-t-il qu'il soit entouré de murs ou de haies. Il importe de plus qu'il soit bien exposé, qu'il reçoive le soleil une grande partie du jour, et qu'il y ait dans le voisinage un ruisseau, une source, ou tout au moins un puits qui fournisse assez d'eau pour arroser.

Telles sont, mes enfants, les trois principales conditions qu'exige l'établissement d'un
jardin. Peut-être que les vôtres ne réunissent
pas ces avantages, c'est regrettable sans
doute, mais nous les prendrons tels qu'ils
sont, et nous tâcherons d'en tirer le meilleur
parti possible.

La nature du sol est aussi beaucoup à considérer; il faut qu'il ne soit ni trop sec, ni trop
humide, ni trop léger, ni trop compacte; autrement vous devrez le modifier par les amendements et les engrais qui lui sont propres,
de telle sorte qu'il devienne frais, riche en
humus et facile à remuer. Vous tiendrez à ce
qu'il y ait du fond; les racines y pénètrent
plus avant, et les plantes s'y développent beaucoup mieux. Un sol légèrement tourbeux a
aussi ses avantages.

Une bonne distribution du terrain n'est pas
non plus une chose indifférente; outre qu'elle
produit une certaine symétrie qui flatte la vue,
elle facilite encore les soins de la culture.
Cette distribution dépend beaucoup de l'étendue et de la forme de l'emplacement. Pour
un jardin de forme régulière et de moyenne
grandeur, voici, je crois, la plus convenable :
on établit d'abord, dans le sens de sa lon-

gueur et de sa largeur, deux grandes allées qui se coupent à angles droits et divisent le terrain en quatre parties égales. Puis on en trace une plus petite le long des murs de clôture, à un mètre de distance, de manière à former sur les quatre côtés ce qu'on nomme des plates-bandes. Il en résulte quatre grands carrés qu'on partage en planches; autour de ces carrés on ménage aussi d'autres plates-bandes à l'effet d'y mettre des arbres à fruit ou des plantes en bordures.

Avant de procéder à cette distribution, mes enfants, vous commencez par défoncer votre terrain, c'est-à-dire par le bêcher menu et à une profondeur de 30 à 35 centimètres environ, selon sa nature et selon l'espèce de plantes que vous devez y cultiver. Vous arrachez brin à brin les racines des mauvaises herbes, et vous enlevez avec précaution jusqu'aux moindres pierres.

Cette façon donnée aux approches de l'hiver est rénouvelée dans les premiers jours du printemps. C'est alors que vous alignez vos allées, que vous disposez vos carrés, que vous dressez vos planches dont vous nivelez la surface avec le râteau. Vous garnissez les plates-bandes de petites bordures de buis ou de gazon pour soutenir la terre, à moins que vous ne préfé-

riez y planter du thym, de l'oseille, des frai-
siers, etc.

Le jardinage, mes enfants, exige beaucoup
d'engrais, et cela se conçoit. La terre produi-
sant sans interruption tous les ans, et même
plusieurs fois par an, a nécessairement besoin
de fumier pour réparer ses pertes. Cependant
on ne doit pas en abuser, autrement il nuirait
aux plantes, surtout aux plantes-racines. Il
faut savoir l'employer à propos et avec mesure.

Le fumier gras, c'est-à-dire bien consommé,
convient aux terrains chauds et légers. On le
répand avant ou après l'hiver, et on l'enterre
immédiatement à la bêche. Le fumier frais est
préférable dans les terres fortes et argileuses;
on l'emploie à l'automne pour les légumes
qu'on doit mettre en place au printemps. On
fait aussi usage des boues, des balayures qu'on
ramasse dans les rues et sur les routes. Mais
ce qui vaut encore mieux, c'est la poudrette,
c'est le terreau qui provient des couches:

Une couche est un amas de fumier disposé
en planche plus ou moins élevée et recouvert
de terreau, où se développe, par la fermentation, un certain degré de chaleur propre à ac-
tiver la végétation des graines qu'on y sème.

On en distingue trois espèces : les couches chaudes, les couches tièdes et les couches sourdes.

Couches chaudes. — Les couches chaudes se font avec du fumier chaud ou fumier de cheval. Vous le prenez autant que possible neuf, c'est-à-dire sortant de l'écurie, ou bien encore sec, conservé en tas peu comprimé. Dans ce cas vous le remuez, vous le mélangez avant de vous en servir, en ayant soin de le mouiller pour le faire fermenter.

Puis, selon la place que vous avez choisie, et qui doit être la mieux exposée de votre jardin, vous le distribuez en hauteur par lits successifs que vous tassez fortement, soit avec la fourche, soit par piétinement. Vous veillez à ce que la masse soit solide et présente partout une surface bien égale. Enfin, vous la recouvrez de 20 à 25 centimètres de bon terreau. Le tout doit avoir de 50 à 90 centimètres de hauteur sur environ 1m 20 de largeur.

On établit aussi des couches chaudes dans des tranchées de 15 à 20 centimètres de profondeur ; la chaleur s'y conserve mieux, on peut même l'y développer au moyen de petits bancs de fumier nommés *réchaufs*, dont on les entoure, et qu'on renouvelle de temps en temps. Dans ce cas on leur donne un peu moins d'élévation.

Couches tièdes. — Les couches tièdes se dressent absolument de la même manière que les couches chaudes; la seule différence consiste dans la nature du fumier. On emploie le fumier de cheval, de vache et de mouton par égales portions formant ensemble la moitié de la couche. Le reste se compose de feuilles, de mousse, etc., le tout bien mélangé et convenablement humecté. Il en résulte une chaleur douce entretenue par la décomposition lente des matières végétales que contient le mélange.

Couches sourdes. — Les couches sourdes diffèrent des autres en ce qu'au lieu de s'élever à la surface du terrain, elles sont pour ainsi dire encaissées dans le sol, dont cependant elles dépassent parfois le niveau de quelques centimètres. Elles sont tout aussi faciles à établir.

A cet effet, vous creusez sur une longueur quelconque, une fosse de 35 à 50 centimètres de profondeur sur 1ᵐ 50 de largeur. Vous y entassez le fumier seul ou mélangé avec de la litière, des feuilles, de la mousse ou toute autre substance végétale propre à produire de la chaleur en se décomposant. Vous le piétinez sur tous les points, et vous ajoutez pardessus un bon lit de terreau que vous soutenez de chaque côté par de petites planches, s'il excède le niveau du sol.

Ces sortes de couches exigent du fumier à demi-consommé, ou celui qu'on retire des couches chaudes ou tièdes; elles ne servent dans ce cas qu'à la culture de certains légumes dont on veut hâter la végétation ou prolonger la récolte jusqu'à l'arrière-saison.

Vous devez comprendre maintenant, mes enfants, pourquoi les plantes croissent plus vite sur couche qu'en pleine terre. Cependant cette force végétative qu'elles y puisent leur deviendrait nuisible, si on ne prenait des précautions pour les préserver du froid. C'est pour ce motif qu'on les couvre de cloches en verre jusqu'à ce qu'elles n'aient plus rien à craindre; souvent même la couche entière est comme enchâssée dans une grande caisse en planches sans fond, et recouverte d'un châssis garni de vitres, qui y concentre la chaleur. Ce châssis, s'ouvrant et se fermant à volonté, permet, tout en garantissant les plants de la gelée, de les exposer, quand il fait beau, à l'influence de l'air et du soleil.

Les couches doivent être renouvelées assez souvent. Au bout de six mois, le fumier s'y décompose et se réduit en terreau.

— 157 —

QUESTIONNAIRE.

Quelles conditions exige l'établissement d'un jardin ?

Quelle doit être la nature du sol ?

Quel est l'avantage d'une bonne distribution ?

Que doit-on faire avant de distribuer le terrain ?

Comment s'y prend-on pour opérer cette distribution ?

Pourquoi le jardinage exige-t-il beaucoup d'engrais ?

Quand faut-il employer le fumier gras ou frais ?

Qu'appelle-t-on couches ? Combien en distingue-t-on ?

Comment établit-on les couches chaudes ? les couches tièdes ? les couches sourdes ?

Quel fumier emploie-t-on dans ces sortes de couches ?

A quoi servent les cloches et les châssis dont on fait usage ?

Combien de temps dure une couche ?

CHAPITRE QUINZIÈME.

LÉGUMES CULTIVÉS POUR LES FEUILLES, LA TIGE OU LES FLEURS.

Trente-sixième Leçon.

Choux.

Nous avons vu, mes enfants, dans notre dernière leçon, ce qui concerne en général la tenue d'un jardin, la manière d'aligner les allées et les plates-bandes, de dresser les carrés et les planches, enfin de monter les couches. Nous allons maintenant nous occuper des légumes qu'il nous importe le plus d'y faire croître. Nous commencerons par ceux qu'on cultive pour les feuilles, la tige ou les fleurs, tels que les choux, les artichauts, les asperges, les cardons, le céleri, les épinards, l'oseille, les salades, etc.

Les choux tiennent le premier rang parmi les légumes à notre usage, soit par l'abondance de leurs produits, soit par la grande consommation qu'on en fait ; réservez-leur donc votre meilleur carré, qu'il soit labouré à fond, et que rien n'y manque en fait d'engrais. Le fumier de vache, de porc, est celui qui leur convient le mieux, à moins que le terrain ne soit froid, argileux. Dans ce cas, le fumier de cheval est préférable. Ajoutez-y, si vous le pouvez, des boues, des balayures de rues, rien n'est plus favorable à cette culture.

Les choux se divisent en trois espèces principales, dont chacune admet plusieurs variétés : ce sont les choux cabus, les choux de Milan et les choux verts, auxquels nous ajouterons les choux-fleurs, les choux-raves et les choux-navets.

Choux cabus. — Les choux cabus, nommés aussi choux pommés, ont les feuilles lisses, d'un vert bleuâtre, les nervures ou côtes larges et plates, et le goût un peu musqué. De ce nombre sont :

Les choux d'York, à tige basse, à pomme petite, allongée; ils comprennent le choux nain et le gros choux d'York ;

Le choux cœur de bœuf, à pomme très-serrée, assez peu savoureux, mais très-précoce;

Le gros choux cabus blanc, proprement dit chou pommé, à tige basse, à pomme grosse et aplatie. Le meilleur est le chou de Saint-Denis, ou blanc de Bonneuil.

Choux de Milan. — Les choux de Milan ont les feuilles frisées, la tige plus courte, la pomme moins serrée que les autres, et la saveur plus douce. Cette espèce renferme :

Le Milan nain, très-trapu, d'un vert foncé, précoce, tendre, et d'une bonne qualité;

Le Milan des Vertus, le plus gros de l'espèce et le meilleur, le plus estimé dans les environs de Paris ;

Le chou de Bruxelles, à tige haute, garnie de feuilles, et autour de laquelle croissent des petites pommes vertes, tendres et fort recherchées.

9·

Choux verts. — Les choux verts ont une tige très-élevée; ils ne pomment point; ils ne craignent point le froid; ils ont même besoin d'être attendris par la gelée pour être bons à manger. Les principaux sont :

Le chou-cavalier, appelé aussi chou-arbre, haut de deux mètres, à feuilles grandes et lisses, également propre à la nourriture de l'homme et à celle du bétail;

Le chou à grosses côtes, à bords frangés, qui ne se mange qu'après les grands froids;

Le frisé nain, le frisé panaché, remarquables par l'élégance de leurs feuilles découpées, qui en fait aussi de fort jolies plantes d'ornement.

Les semis de choux se font à la volée, soit sur couche, soit sur plate-bande bien fumée, et à des époques qui varient selon l'espèce.

Les *choux cabus* se sèment sur la fin d'août. Dans les terrains secs, on les met en place avant l'hiver; ils pomment plus vite. Dans les terres argileuses, où la gelée a plus de prise, il vaut mieux les repiquer en pépinière, pour les transplanter au printemps.

Voici, dans le premier cas, comment on s'y prend : vous tracez au cordeau, sur une planche disposée à l'avance, de petites raies ou sillons, où vous placez le jeune plant, sans en rebrousser la racine; vous avez soin de mettre entre chaque pied et chaque rayon un intervalle de 40 à 70 centimètres suivant la grosseur présumée de la pomme. Cette opération se fait aussi tout simplement au plantoir.

Dans le second cas, le plant se repique un peu serré sur un petit carré bien terreauté, et à bonne exposition; on l'abrite pendant l'hiver et on le transplante en février ou en mars, comme dans le cas précédent. Le *repiquage* le rend plus trapu, fait grossir le collet de la racine, et hâte la formation de la pomme.

Les choux, une fois transplantés, réclament encore bien des soins. Il faut d'abord les arroser souvent; il faut ensuite les sarcler, les biner quand c'est nécessaire. Ils sont exposés aux ravages des chenilles; vous ne les en préserverez qu'en détruisant les œufs de papillon d'où elles proviennent, qu'en écrasant ces insectes à mesure qu'ils se produisent. Quelques poignées de cendres répandues sur les feuilles suffisent quelquefois pour prévenir ces ravages.

Les choux d'York, semés en août et mis en place à l'automne, pomment en avril ou en mai, tandis que repiqués en pépinière et transplantés au printemps, ils ne pomment qu'en juillet ou en août.

Ils se sèment encore en février ou en mars, sur couche ou sur plate-bande bien fumée, avec des abris de châssis ou de paillassons. Les plants ainsi obtenus se mettent directement en place, les uns en mars, les autres en avril, et ils donnent leurs produits sur la fin de l'automne, au commencement de l'hiver ; seulement vous ne devez pas trop les laisser exposés à la gelée.

Le chou cœur de bœuf et le gros chou cabus blanc avec ses variétés, se cultivent comme les choux d'York. Semés en août, ils pomment, le premier en mai ou en juin, le second en juin ou en juillet.

Les *choux de Milan* valent mieux que les autres, et ils pomment beaucoup plus vite. On les sème habituellement depuis la fin de février jusqu'au mois de mai, pour les transplanter ensuite. Les premiers semis, s'ils proviennent de variétés hâtives, vous donnent leurs pommes dès le mois de juin, et les derniers à la fin de l'automne ou au commencement de l'hiver. Ces sortes de choux sont peu sensibles au froid; cependant il est prudent de ne pas trop les y laisser exposés.

Les *choux verts* se cultivent comme les précédents, et ils exigent moins de soins. Vous les semez au printemps, du mois de mars au mois de mai, et vous les récoltez en hiver. La gelée les attendrit et leur donne de la qualité. Vous pouvez aussi en avoir en été ; mais pour cela il faut que les semis aient lieu en juillet ou en août.

Si vos choux craignent le froid, vous les arrachez vers le mois de décembre par un temps sec, et vous les déposez dans une fosse plus large que profonde, inclinés les uns sur les autres, la tête au nord, puis vous les recouvrez de paille et d'un peu de terre : cela s'appelle mettre en *jauge*. On se contente souvent de les descendre à la cave, où ils se conservent parfaitement, pourvu qu'il n'y ait pas trop d'humidité.

QUESTIONNAIRE.

Quels sont les légumes que nous cultivons pour les feuilles, la tige ou les fleurs ?

Quelle est l'utilité du chou ?

Quels engrais exige-t-il ?

Combien y a-t-il d'espèces de choux ?

Qu'appelle-t-on choux cabus ?

Quelles en sont les principales variétés?

Qu'est-ce que les choux de Milan?

Indiquez-en quelques variétés.

Qu'est-ce que les choux verts?

Citez-en quelques-uns.

Quand et comment se sèment les choux cabus?

Quand et comment doit-on les repiquer, les transplanter?

Quels soins exigent-ils ensuite?

Quelle est la culture propre au chou d'York?

Comment se cultivent les choux de Milan?

Comment se cultivent les choux verts?

Comment préserve-t-on certains choux de la gelée?

Trente-septième Leçon.

—

Choux-fleurs, choux-raves, choux-navets, artichauts, asperges.

Choux-fleurs. — Le chou-fleur, mes enfants, est une espèce de chou qui, au lieu de pommes de feuilles, produit des pommes de fleurs. Il est plus difficile à cultiver que les autres, et par conséquent moins commun. Je vous le recommande néanmoins comme un mets sain, nourrissant, d'une saveur délicate, comme un des meilleurs légumes du potager.

Une bonne couche, une terre fraîche, riche et bien amendée, l'emploi de cloches, de châssis, de paillassons, le repiquage et l'arrosage, telles sont les conditions nécessaires au succès de sa culture. On en distingue trois espèces principales, savoir :

Le dur, à tige trapue, à pomme grosse, lente à se former, propre aux cultures tardives;

Le demi-dur, un peu moins volumineux que le dur, mais plus généralement adopté;

Le tendre, à pomme plus petite et moins serrée; il est préférable pour les cultures d'été.

Ajoutons à cela le chou-fleur *Lenormand,* nouvelle variété remarquable par le volume extraordinaire de la pomme.

Les choux-fleurs se sèment à trois époques différentes de l'année, selon le moment où l'on veut récolter, à l'automne, au printemps ou en été.

On sème vers la fin de septembre sur vieille couche ou sur plate-bande terreautée. Quinze ou vingt jours après la levée du plant, on le repique sur ados à bonne exposition, et on le recouvre, par le froid, de cloches ou de châssis qu'on soulève quelquefois pour donner de l'air, et sur lesquels on étend des paillassons pendant les fortes gelées. Au mois de mars on le transplante sur planche, en rayons, à

environ 60 centimètres de distance. On arrose, on bine, et la pomme se forme du quinze
mai au quinze juin.

On sème dans la première quinzaine de
février sur couche chaude, sous cloche et
sous châssis. Un mois après, on repique sur
plate-bande bien disposée, avec abri de paillassons ; on met en place au mois d'avril, et
on récolte au mois de juillet. Il est bien en-
tendu que les arrosages, pas plus que les binages, ne doivent manquer.

Enfin, on sème dans la dernière quinzaine
de mai ou de juin, selon le climat, sur plate-
bande bien terreautée et légèrement ombragée. C'est là le semis que je vous conseille
comme le plus simple et le plus facile. Vous
repiquez un mois après, puis vous mettez en
place et vous arrosez copieusement.

Le plant alors croît vite, les pommes se forment bientôt ; on les coupe dans le courant de
septembre ou d'octobre, et quelquefois même
dans le mois de novembre. Les dernières se
conservent comme provision d'hiver dans un
lieu sec, à l'abri de la gelée, dégarnies des plus
grandes feuilles, et suspendues la tête en bas.

Comme on n'a pas toujours, dans la campagne, des cloches ou des châssis à sa disposition, je vais, mes enfants, vous indiquer un moyen facile d'y suppléer.

Vous creusez, au pied d'un mur, du côté du midi, une fosse de 25 à 30 centimètres de profondeur; vous bêchez bien le fond, en y entassant un peu de fumier, et vous répandez par-dessus une forte dose de bon terreau. C'est là que se fait le semis.

La terre extraite de cette fosse est rejetée à droite et à gauche de manière à former deux talus sur lesquels vous posez de longues perches. Par le froid, vous étendez sur ces perches des paillassons à l'effet de protéger le jeune plant. Vous le repiquez ensuite dans une fosse semblable en prenant les mêmes précautions. Si ce plant est bien gouverné, c'est-à-dire couvert et découvert à propos, il est bon à transplanter aussi tôt que celui qui est venu sous cloche ou sous châssis.

Il existe une autre espèce de choux-fleurs nommés brocolis, qui se cultivent à peu près de la même manière; on les sème le plus souvent en mai ou en juin, et on les traite comme les choux-fleurs semés à la même époque. Seulement, comme ils ont plus de feuilles, on les espace un peu plus lorsqu'on les transplante.

Je mentionnerai ici, mes enfants, deux autres sortes de choux qui n'ont que le nom de commun avec les premiers, attendu que c'est le pied de la tige et non la fleur ou la feuille qui sert à la consommation. Ce sont les choux-raves et les choux-navets.

Choux-raves. — Les choux-raves sont des légumes excellents, d'une culture très-facile et très-productive. On les sème en pépinière depuis les premiers jours du printemps jusqu'au mois de mai. Quand ils sont assez forts, on les transplante dans un sol frais et largement fumé, on arrose abondamment et presque continuellement, sans quoi la racine se développerait peu et serait très-dure. Ce légume craint peu le froid, il reste à l'air libre sans geler. Cependant vous ferez mieux de l'arracher avant l'hiver, d'enlever les feuilles et de le déposer à la cave ou dans un lieu bien sec.

Choux-navets. — Les choux-navets sont plus forts, plus rustiques que les choux-raves, ils résistent beaucoup mieux à la gelée et à la chaleur. On ne les arrose, en cas de sécheresse, qu'au moment de la mise en place, pour assurer la reprise du plant. Du reste, ils se cultivent et se récoltent absolument de la même manière que les choux-raves.

Artichauts. — La culture des artichauts, mes enfants, commence à se propager dans nos campagnes, vous en avez vu dans quelques jardins. Je vous engage à leur donner place dans le vôtre, c'est un légume appétissant, facile à cultiver, et qui demande un sol frais, léger et profond. L'artichaut, une fois planté, ne dure pas moins de trois ans.

On en distingue trois variétés principales :

Le petit artichaut de Provence, vert-pâle ou violet, hâtif et très-bon cru ;

Le gros camus de Bretagne, plat, large et précoce, nommé aussi le gros camus de Tours;

Le gros vert de Laon, le plus estimé et généralement le plus cultivé des trois.

Les artichauts se reproduisent comme les choux-fleurs, par semis sur couche; mais ce moyen est trop long : il vaut mieux planter des jets ou œilletons qu'on se procure aisément chez les jardiniers. Ces œilletons croissent autour du cœur de la plante; pour les avoir, il suffit de déchausser le pied et de les détacher avec précaution, en les tirant de haut en bas, de manière à leur laisser une espèce de talon où doit se former le collet de la racine, et qu'on rafraîchit avec un couteau.

Voici comment s'exécute cette plantation : Vous commencez par bien fumer votre carré, puis vous donnez un labour profond, très-profond. Vous plantez ensuite en lignes, à environ 80 centimètres de distance en tous sens, les jets ou œilletons dont la tige a été légèrement rognée. A chaque pied vous mettez un peu de fumier ; vous arrosez largement jusqu'à ce qu'ils soient parfaitement repris. Cette opération se fait du 15 mars au 15 avril. Vous binez, vous sarclez à propos, et à l'automne vous pouvez déjà avoir quelques têtes à manger.

Outre les façons d'entretien, les artichauts ont besoin de quelques autres soins ; ils craignent la gelée, il faut les en préserver. A cet effet, on les butte, c'est-à-dire on amoncelle la terre autour, sans couvrir le cœur ; on raccourcit les feuilles, on les recouvre de litière ou de fumier long, et, quand le temps le permet, on écarte un peu cette couverture pour leur faire prendre l'air et les empêcher de pourrir.

Au printemps, on les découvre, on détruit les buttes, on dégarnit chaqué pied où on ne laisse que trois ou quatre des plus belles pousses; enfin, on fume et on laboure. Sur la fin de mai les pommes commencent à se former. On les cueille à leur maturité, et on coupe immédiatement la tige qui les a portées. La récolte faite, on déchausse quelquefois de nouveau le pied; il repousse d'autres œilletons qui, à force d'arrosages, peůvent encore donner à l'automne.

Asperges. — Les asperges, mes enfants, ne sont pas communes dans nos campagnes; cela tient à ce qu'elles exigent des soins tout particuliers, et qu'il ne leur faut pas moins de quatre ans pour produire. Cependant c'est un légume délicat et savoureux qui mérite qu'on s'en occupe, surtout quand on a des engrais et qu'on possède un emplacement convenable, c'est-à-dire un sol léger et profond, riche et bien assaini.

Elles se reproduisent par le semis de la graine qui donne, au bout de deux ans, de jeunes plants nommés griffes, destinés à être mis en terre. Vous vous en procurerez chez les jardiniers, si vous ne voulez pas attendre.

Voici comment se prépare une fosse d'asperges :

Au mois de mars ou à la fin de l'automne, vous creusez votre fosse à 50 ou 60 centimètres de profondeur sur une largeur d'environ 1ᵐ,30; vous garnissez le fond d'un lit de fumier à demi-consommé, 8 à 10 centimètres, mélangé avec un peu de terre, vous répandez par-dessus un peu de terreau et vous passez le râteau.

Au mois d'avril ou de mars, selon que la préparation a eu lieu à l'automne ou au printemps, vous plantez les griffes en lignes, à 40 ou 50 centimètres les unes des autres en tous sens, puis vous les recouvrez de quelques centimètres de bonne terre.

La première année, on arrose par la sécheresse, on enlève les mauvaises herbes, on bine légèrement, de manière à ne pas nuire au plant. Au mois de novembre, on coupe les tiges presque au niveau du sol, on ajoute par-dessus un peu de fumier ou de terreau, et on donne une nouvelle façon.

L'année suivante on renouvelle les mêmes soins, et on les continue la troisième année; on bine, on sarcle, on arrose, on rogne les tiges, on recharge la fosse de terre ou de fumier.

Enfin, la quatrième année, on répand encore au printemps une couche de fumier qu'on mélange avec la terre par un léger binage, et dès lors les plus grosses tiges qu'on voit paraître sont bonnes à manger. On attend qu'elles aient au moins un décimètre; on les coupe entre deux terres de façon à ne pas endommager la racine.

Ce n'est que la cinquième année que la fosse est en plein rapport; elle dure de 15 à 20 ans si elle est bien entretenue, et si on prend soin surtout de la recharger de temps en temps de terre et d'engrais.

Il ne faut pas trop prolonger la récolte des asperges les premières années, on ruinerait la plantation. On se contente de les couper pendant un mois ou six semaines, après quoi on es laisse monter.

QUESTIONNAIRE.

Qu'est-ce que le chou-fleur?

Que faut-il pour le succès de sa culture?

Combien y en a-t-il d'espèces principales?

Quand et comment se sèment les choux-fleurs?

Quels soins exige leur culture?

Comment se conservent-ils?

Peut-on se passer de cloches ou de châssis?

Quel sol faut-il aux artichauts?

Quelles en sont les espèces principales?

Comment se reproduisent-ils?

Comment obtient-on les jets ou œilletons?

Quand et comment se plantent-ils?

Comment les garantit-on de la gelée?

Quels soins leur donne-t-on au printemps?

Quand les artichauts doivent-ils être récoltés?

Les asperges sont-elles communes à la campagne?

Qu'est-ce qu'exige leur culture?

Comment se reproduisent-elles?

Comment dresse-t-on une fosse d'asperges?

Quels soins d'entretien demandent-elles les premières années?

Combien faut-il attendre pour récolter?

Combien dure une fosse d'asperges?

Trente-huitième Leçon.

—

Cardons.—Céleri.—Epinards,—Oséille.—Poirée.

Cardons. — Le cardon est une plante dont les feuilles ont des côtes qui forment, quand elles ont blanchi, un mets aussi sain qu'agréable. Bien qu'on n'en fasse pas une grande consommation, je vous engage à ne pas négliger ce légume qui se cultive tout simplement en pleine terre.

Vous semez du mois d'avril au mois de mai, en lignes, à 8 ou 10 centimètres de profondeur, dans des trous espacés d'environ

80 centimètres et garnis de bon terreau. Vous
déposez dans chacun deux ou trois graines,
pour ne laisser ensuite que le plant le plus
vigoureux ; vous donnez force arrosages et
quelques légers binages.

Du 15 au 30 juin, les cardons sont suffisamment développés, c'est le moment de les
faire blanchir. A cet effet, vous rapprochez
les feuilles par le sommet, au moyen d'un
lien de jonc ou d'osier, vous les enveloppez
de paille longue ; vous buttez même le pied.
Ils blanchissent d'autant plus vite qu'ils sont
mieux couverts ; on ne doit pas tarder alors à
les consommer, autrement ils finiraient par
pourrir. On peut aussi en conserver pour l'hiver, en les serrant tout verts dans un lieu
bien sec où on les fait blanchir en les cou-
vrant de paille.

Céleri. — Vous connaissez le céleri, mes
enfants, et son goût appétissant, je vous conseille de vous en ménager une planche, si
votre terrain est riche, profond et un peu
frais, si l'eau et les engrais ne vous font pas
défaut.

Cette plante se sème sur couche et sous
châssis, du mois de janvier au mois de mars,

pour être repiquée avant d'être mise en place.
A partir du mois d'avril elle se sème en pleine
terre, et se transplante directement sans être
repiquée. Dans ce cas le semis doit être clair
pour que le plant puisse grossir avant la transplantation. Cette opération se fait de plusieurs
manières. Voici la plus simple :

Vous ouvrez dans la longueur de la planche,
à 40 ou 50 centimètres les unes des autres, de
petites tranchées ou rigoles de 30 à 40 centimètres de profondeur. Vous garnissez le fond
de fumier que vous enterrez à la bêche ; vous
transplantez ensuite, en mettant entre chaque
pied un intervalle de 30 à 35 centimètres;
vous arrosez largement jusqu'à ce que le
plant soit bien repris, et vous continuez après,
tant que cela vous paraît nécessaire.

Le céleri ainsi traité croit assez vite, mais
il faut le faire blanchir pour le rendre plus
tendre et pour lui donner meilleur goût.

Aussitôt que les feuilles ont 30 à 40 centimètres de hauteur, vous les rattachez ensemble
avec des petits liens de paille ; vous les buttez,
de manière à ne laisser passer que l'extrémité.
Il suffit de ramener à l'entour la terre qui se
trouve de chaque côté de la tranchée. Au

bout de quelque temps le céleri est assez blanc pour être mangé.

Pendant l'hiver, on le conserve à la cave tout blanchi, ou bien on l'y fait blanchir en l'enterrant dans le sable. Si on le laisse en place pendant cette saison, il faut avoir soin de le butter et de le couvrir, pour le préserver du froid, auquel il est très-sensible.

Céleri-rave. — Il existe une autre espèce de céleri, nommé céleri-rave, dont on ne mange que la racine; il est plus tendre, plus savoureux que le céleri ordinaire, et ne se développe qu'à force d'eau. Il lui faut une terre profonde, fraîche, meuble et bien fumée.

Le céleri-rave se sème à l'air libre, à peu près comme l'autre, et se transplante sur planche en lignes à environ 40 centimètres en tout sens; il réclame quelques façons et avant tout de l'eau en quantité.

Quand les racines sont arrivées à leur grosseur naturelle, on les arrache avec précaution, on enlève les feuilles, après quoi on les serre à la cave où on les conserve l'hiver, en les enterrant dans le sable. Ce légume est encore peu connu dans nos pays; mais dans certaines contrées il est cultivé sur une grande échelle. .

Epinards. — Les épinards offrent une nourriture rafraîchissante et assez recherchée. Ils produisent presque toute l'année, même en hiver, quand les autres légumes sont le plus rares. Ils croissent très-rapidement, ce qui permet, sur la fin de la saison, de les faire succéder à une récolte tardive. Ces avantages, mes enfants, suffisent pour vous engager à les cultiver.

Il y en a deux variétés principales, les uns à graines lisses, les autres à graines épineuses : c'est de cette dernière que leur vient leur nom. C'est du reste la plus estimée, celle qu'on cultive de préférence.

Les épinards en général exigent une terre meuble, fraîche, fertile, et parfaitement fumée. Ils veulent surtout de fréquents arrosages.

Ils se sèment du mois de mars au mois d'octobre, à la volée ou en rayons espacés de 15 à 20 centimètres. En été ils montent trop vite; il vaut mieux les semer en août. Ils donnent à l'automne, pendant l'hiver, et au printemps jusqu'en mai. Au lieu de les couper, on les cueille sans dégarnir entièrement le pied; on arrose ensuite pour les faire

repousser, et on obtient ainsi plusieurs récoltes successives, jusqu'au moment où ils
commencent à monter. Le semis des épinards
demande à être fréquemment renouvelé.

Oseille. — Je n'ai que quelques mots à
vous dire de l'oseille : c'est une plante qui se
trouve dans tous vos jardins, mais en petite
quantité, parce qu'on en consomme peu ; et
cependant c'est un aliment sain, rafraîchis-
sant, susceptible de plusieurs assaisonne-
ments.

Elle vient partout et à toute exposition,
néanmoins on remarque qu'au midi la chaleur du soleil la rend acide et la fait monter
trop vite. Une exposition un peu ombragée
est préférable.

On multiplie l'oseille, soit en replantant à
l'automne, ou au printemps, les éclats déta-
chés de vieux pieds, qu'on dispose en bordure,
soit en semant la graine en lignes ou à la volée
sur planche ou sur plate-bande ; on obtient
par ce dernier moyen des feuilles plus larges,
plus vigoureuses.

Cette plante croit promptement ; plus on la
coupe, plus elle produit. Il vaut mieux cueillir
les feuilles une à une que de les couper ; elles
repoussent ensuite beaucoup plus vite.

10*

L'hiver on ne laisse que le pied, qu'on recouvre d'un peu de fumier ou de terreau. De
cette manière elle dure plusieurs années sans
avoir besoin d'être renouvelée.

Poirée. — La poirée est une plante vulgai-
rement connue sous le nom de bette; elle a
des feuilles larges, des côtes ou cardes épaisses, tendres, qui se mangent assaisonnées de
plusieurs manières; elle est d'une culture très-
simple et très-facile.

On la sème au commencement du printemps pour la consommer l'hiver, et au milieu de l'été pour s'en servir au mois de mars
suivant. Le semis se fait sur plate-bande en
bordure, ou en planche. On éclaircit ensuite,
afin de laisser au plant assez d'espace pour
se développer; on bine et on arrose.

Cette espèce de légume vient assez promptement. Six semaines après le semis, vous
avez des feuilles que vous mangez en guise
d'épinards. Vous les cueillez avec précaution
autour de chaque pied, en réservant celles qui
doivent produire des cardes; puis vous arrosez pour les faire repousser. Il est prudent
de ne pas les laisser l'hiver en place sans
les abriter un peu.

QUESTIONNAIRE.

Qu'appelle-t-on cardons?

Comment se cultivent-ils?

Comment les fait-on blanchir?

Quel sol demande le céleri? Quand se sème-t-il?

Comment se transplante-t-il? Quels soins exige-t-il?

Comment le conserve-t-on en hiver?

Qu'est-ce que le céleri-rave? Comment se cultive-t-il?

Quand se récolte-t-il?

Quels avantages offrent les épinards?

Combien y en a-t-il de variétés?

Quel est le terrain qui leur convient?

Comment les sème-t-on? Comment les récolte-t-on?

Quelle est l'utilité de l'oseille?

Quelle exposition préfère-t-elle?

Comment se reproduit-elle?

Comment se cueille-t-elle? Quels soins exige-t-elle pour l'hiver?

Qu'est-ce que la poirée? Quand et comment se sème-t-elle?

Comment la récolte-t-on?

Trente-neuvième Leçon.

Salades : — Laitue, — Chicorée, etc.

On consomme beaucoup de salades à la campagne. Il faut, mes enfants, que vous soyez en mesure d'approvisionner votre maison, sous ce rapport. A cet effet, vous aurez à cultiver, outre le céleri, les laitues et la chicorée.

Nous distinguons deux sortes de laitues :
Les laitues pommées, à forme arrondie ;
Les laitues romaines, à forme allongée.

Laitues pommées. — Les laitues pommées comprennent trois espèces, savoir :
Les laitues de printemps ;
Les laitues d'été ;
Les laitues d'hiver.

Les laitues de printemps, dont les variétés principales sont *la dauphine* et *la petite-blonde*, forment assez difficilement leur pomme et montent promptement. On les sème en février ou en mars, sur couche ou sur plate-bande terreautée, à bonne exposition, et on les transplante en avril. Semées un peu plus tard elles réussissent parfaitement en pleine terre ; elles se plaisent dans un semis d'oignons ou de carottes où elles ne sont pas trop serrées.

Parmi les laitues d'été, je vous citerai la *blonde de Versailles*, l'une des plus délicates, la laitue *de Batavia*, moins remarquable par sa saveur que par la grosseur de sa pomme, qui fait qu'on l'appelle aussi *laitue-chou*. Mais elle ne réussit pas partout ; souvent elle monte et ne fait aucun profit. Une des meilleures espèces, celle que je vous recommande, c'est la laitue *palatine*, à pomme serrée, d'une teinte rouge, aux feuilles douces et tendres. Elle craint peu les chaleurs.

Ces sortes de laitues se sèment depuis le mois de mars jusqu'au mois de juillet, soit en place, soit sur couche ou plate-bande, pour être ensuite transplantées.

Je vous signalerai parmi les laitues d'hiver, la *petite-crêpe* à feuilles frisées et dentelées; la *laitue de la passion*, ainsi appelée parce qu'elle pomme ordinairement vers la semaine sainte. Ces laitues en général ne valent pas les autres ; mais elles ont l'avantage, étant un peu abritées, de résister aux gelées et de pommer de bonne heure au printemps. On les sème du 15 août au 15 septembre pour les transplanter, à la fin d'octobre, sur plate-bande au midi. Pendant les grands froids, on les couvre de paillassons qu'on enlève dès que le temps le permet. On peut même les récolter en décembre ou en janvier ; il suffit de les cultiver sur couche et de prendre les précautions nécessaires pour les garantir du froid.

Cette espèce de laitue semée sur couche ou en pleine terre se coupe aussi, quand elle est à sa quatrième feuille, pour être livrée à la consommation sous le nom de petite laitue ou *laitue à couper*. C'est une salade assez recherchée en raison de sa précocité. Dans ce cas elle doit être semée très-épais.

Laitues romaines. — Les laitues romaines, ou chicons, ont aussi pour chaque saison leurs variétés. Ces salades, dont les feuilles droites, allongées, se replient les unes sur les autres en forme de pomme oblongue, ne se consomment que quand elles sont blanches. Les unes blanchissent naturellement, les autres ont besoin pour cela d'être liées avec un brin de paille ou de jonc, ce qui se fait par un temps bien sec.

Je vous recommande parmi ces variétés :

La *blonde maraîchère*, c'est la meilleure;

La *verte maraîchère*, bonne en primeur;

La *grise maraîchère*, à grosse pomme.

Ce sont celles que l'on préfère généralement, elles pomment sans être liées.

Je vous citerai encore :

La *verte hâtive*, qui se cultive en hiver comme la laitue pommée de cette saison;

La *rouge d'hiver*, très-rustique et capable de résister au froid et à la gelée.

Toutes ces laitues exigent à peu près, selon la saison, les mêmes soins de culture que les laitues pommées, et se sèment à peu près aux mêmes époques.

Vos salades une fois semées, vous devez attendre que le plant soit suffisamment développé pour le mettre en place. Vous les arrachez avec précaution ; vous les disposez en rayons sur planche ou sur plate-bande, à environ 25 centimètres les unes des autres ; vous prenez garde surtout de comprimer le collet de la racine, vous arrosez largement pendant plusieurs jours si c'est en été. En hiver vous les couvrez autant que possible de paillassons pendant les plus grands froids. Enfin vous donnez parfois un léger binage.

Chicorée. — De toutes les salades, mes enfants, c'est la chicorée qui est la plus saine, la plus rafraîchissante, celle dont on mange le plus. Nous en comptons trois espèces :

La chicorée sauvage ;

La chicorée blanche ou frisée ;

La scarole.

La *chicorée sauvage* est un peu amère. Elle

se consomme verte ou blanche. Dans le premier cas, on la sème très-épais en pleine terre au printemps, pour en faire usage quand elle est un peu développée. Dans le second, on la transplante à la cave dans du sable humide, les racines pressées et serrées les unes contre les autres Les feuilles alors blanchissent, s'allongent et donnent une salade tendre et appétissante, connue sous le nom de barbe de capucin; cette espèce de salade se cultive plutôt à la ville qu'à la campagne; elle coûte beaucoup de soins, et fait peu de profit.

La chicorée frisée vaut mieux que la chicorée sauvage; on la préfère même souvent aux meilleures laitues. Il y en a plusieurs variétés, dont la plus estimée est la chicorée d'Italie; c'est la moins sujette à monter, mais elle est très-sensible au froid.

On la sème sur couche et sous châssis du mois de janvier au mois de mars; on la repique ensuite sous cloches pour la transplanter au mois d'avril. A partir de cette époque, jusqu'au mois de juillet, les semis se font en pleine terre sur plate-bande ou sur planche garnie de terreau. Vous binez, vous éclaircissez au besoin. Quand le plant est assez fort, vous le mettez en place en rayons, à environ 30 cen-

timètres en tout sens, et vous multipliez les
arrosages; puis lorsque les feuilles sont suffisamment développées, vous les liez avec un
brin de paille pour les faire blanchir, et vous
n'arrosez plus que très-légèrement au pied.
Sur la fin de la saison, ces salades se rentrent
à la cave où elles se conservent une partie de
l'hiver le pied dans le sable.

La *scarole* ressemble un peu à la chicorée;
vous la distinguerez à ses feuilles droites, entières et à peine découpées ; elle a du reste à
peu près le même goût, et se cultive de la
même manière. Il y a la grande et la petite
qui ne diffèrent que par la grosseur de leurs
pommes.

Mâche. — Je ne vous dirai rien de la mâche ou doucette, que vous connaissez parfaitement. Cette petite plante vient sans culture,
même au milieu de l'hiver, et remplace un
moment les autres salades. Elle se sème quelquefois sur une planche après une récolte, et
elle croît sans qu'on s'en occupe.

Pissenlit. — Je ne vous parlerai pas non
plus du pissenlit, dont l'usage vous est assez
connu. Je vous dirai seulement que si, au
lieu de le couper dans les prés ou ailleurs,
comme cela se pratique, on prenait la peine

11

de le cultiver et de le faire blanchir comme la chicorée, il serait plus tendre et bien meilleur.

QUESTIONNAIRE.

Combien distingue-t-on de sortes de salades?

Combien de genres de laitues?

Combien d'espèces de laitues pommées?

Indiquez les principales variétés de laitues de printemps, d'été, d'hiver.

Faites connaître le genre de culture propre aux laitues de chaque saison.

Qu'est-ce que la laitue à couper?

Qu'appelle-t-on laitues romaines? Quelles en sont les principales variétés?

Quelle est la culture propre aux laitues romaines?

Combien distingue-t-on d'espèces de chicorée?

Comment cultive-t-on la chicorée sauvage?

Qu'est-ce que la chicorée frisée?

Quand et comment se sème-t-elle?

Quels soins exige-t-elle?

Qu'est-ce que la scarole, et comment se cultive-t-elle?

Qu'est-ce que la mâche? Quel est l'avantage de cette salade?

Où trouve-t-on le pissenlit?

Quel est le moyen de l'avoir plus tendre et meilleur?

CHAPITRE SEIZIÈME.

LÉGUMES CULTIVÉS POUR LES RACINES.

Quarantième Leçon.

Pommes de terre, — Betteraves. — Carottes, — Panais, — Navets, — Raves.

Je vous ai parlé, mes enfants, de la culture des légumes dont les feuilles, la tige ou les fleurs nous servent d'aliments. Je vous entretiendrai aujourd'hui de ceux dont les racines nous offrent les mêmes avantages : tels sont les pommes de terre, les betteraves, les carottes, les panais, les navets et les raves, ainsi que les salsifis, les radis, les oignons, l'ail et les échalottes.

Pommes de terre. — Vous savez déjà comment se traitent les pommes de terre en agriculture; je n'ai que peu de chose à ajouter à ce que je vous ai dit à ce sujet.

Réservez pour votre potager les plus précoces, telles que la naine hâtive, la marjolin de France, la kidney d'Angleterre, etc.

Vous les plantez en mars et même en février, et vous avez soin de couvrir d'un peu de litière le terrain qu'elles occupent pour préserver les jeunes pousses des dernières gelées du printemps. De cette manière vous les récoltez six semaines au moins avant les autres.

On les plante quelquefois avant l'hiver, parce qu'elles se conservent mieux dans le sol, s'il est bien sain, qu'à la cave où elles perdent un peu de leur force végétative; mais il faut, dans ce cas, qu'elles soient enterrées plus profondément.

Betteraves. — On mange en salade certaines variétés de betteraves cuites au four et coupées par tranches. Elles doivent, par conséquent, avoir leur place dans votre potager.

Les plus propres à cet usage sont les petites betteraves de *Castelnaudary*, les unes rouges, les autres jaunes, également sucrées.

Elles se sèment du 1er avril au 15 mai sur couche ou sur plate-bande garnie de terreau. Dès que le plant est assez fort, vous le mettez en place, en lignes à environ 40 centimètres de distance, et vous l'arrosez jusqu'à ce qu'il soit bien repris. Vous donnez ensuite les binages nécessaires, et au mois de novembre vos betteraves ont atteint leur degré de grosseur; vous les arrachez pour les serrer à la cave.

Carottes. — Vous connaissez trop l'utilité des carottes comme aliments pour n'en pas avoir au moins une planche. Il y en a des rouges, des jaunes et des blanches. C'est surtout parmi les premières qu'il faut choisir.

La *rouge-courte* convient le mieux sur couche et pour les premiers semis à l'air libre.

La *rouge demi-longue* réussit bien en pleine terre; elle a beaucoup de saveur.

La *rouge-longue* donne d'excellents produits, elle se conserve le plus long-temps.

Vous pouvez encore prendre la *longue-jaune* ou bien la *blanche de Breteuil*; elles ont bon goût, et sont l'une et l'autre assez recherchées.

Vous commencez par bien préparer votre terrain, c'est-à-dire par le bêcher à fond; il doit avoir été fumé au moins six mois à l'avance. Vous semez dès le mois de mars à la volée, ou en lignes espacées de 15 à 20 centimètres. Vous recouvrez légèrement au rateau, ou avec la fourche à trois dents. Dans les terres fortes et humides vous répandez par-dessus un peu de terreau bien divisé.

Une fois le plant levé, vous éclaircissez là où il est trop serré, et vous repiquez là où il y a des vides. Vous arrosez, vous binez selon le besoin, et vous pouvez en manger dès qu'il a la grosseur du petit doigt.

Les carottes se cultivent du printemps à l'automne ; elles passent même l'hiver en terre, recouvertes d'un peu de paille. Cependant il est encore plus sûr de les rentrer à la cave où on les conserve dans du sable ou de la terre sèche, dépouillées de leurs feuilles.

Panais. — Le panais s'emploie surtout dans le pot-au-feu, auquel il donne un excellent goût. Il se mange aussi quelquefois assaisonné comme la jeune carotte. Sa racine, ordinairement blanche, longue et sucrée, ressemble beaucoup à celle de cette plante; il se cultive du reste de la même manière, avec cette différence cependant que la semence demande à être un peu plus enterrée, sans quoi elle ne lèverait pas.

Navets. — La culture des navets en plein champ peut vous dispenser d'en avoir ailleurs. Cependant, si votre sol est léger et sablonneux, vous gagnerez sous le rapport de la qualité à en cultiver quelques-uns des meilleures espèces, tels que celui *des Vertus* et celui *des Sablons*, qui sont très-savoureux.

Ils se sèment ordinairement du mois de juin au mois de septembre à la volée, sur une planche fraîchement remuée, et se recouvrent au rateau. Il suffit de leur donner ensuite quelques sarclages en temps utile, et d'éclaircir les places où le plant serait par trop serré.

Ces légumes mettent peu de temps à croître. Au bout de deux mois on en peut manger. Bien qu'ils ne craignent pas beaucoup le froid, je vous engage à les arracher avant les premières gelées pour les mettre en serre où ils se conservent pendant l'hiver, s'il n'y a pas d'humidité.

Rave. — La rave n'est qu'une variété du navet; elle se traite de la même manière. Sa racine ronde et aplatie lui donne beaucoup de ressemblance avec l'oignon; on en fait une assez grande consommation. Vous devrez donc, si vous n'en voulez pas une grande quantité, en avoir au moins quelque-unes dans votre potager.

QUESTIONNAIRE.

Quels sont les légumes dont les racines servent à notre alimentation?

Quelles sont les variétés de pommes de terre propres au jardinage?

Quand et comment se plantent-elles? Quels soins faut-il leur donner?

Quelles variétés de betteraves cultive-t-on dans les jardins?

Quand et comment se sèment-elles? Quelles façons d'entretien exigent-elles?

Combien distingue-t-on d'espèces de carottes? Quel est l'avantage de chaque espèce?

Comment prépare-t-on la place qui leur est réservée?

Comment les sème-t-on? Quels soins demandent-elles?

Quel est l'usage du panais, et quelle est la culture qui lui convient?

Quelle est la meilleure espèce de navets? Quel est le terrain qu'ils préfèrent?

Comment se cultivent-ils? Comment les conserve-t-on?

Qu'est-ce que la rave? Comment se cultive-t-elle?

Quarante-unième Leçon.

—

Salsifis, — Radis, — Oignons, — Poireaux, —
Ail, — Echalote.

Salsifis. — Le salsifis est une plante à racine blanche estimée comme aliment, mais
moins en usage que les autres légumes. Je
vous engage, mes enfants, à n'en pas négliger
la culture. Ce légume veut un bon terrain,
fumé un an d'avance, et labouré à fond au
moment du semis.

On emploie de la graine d'un an qu'on
distribue sur planche, en rayons espacés d'environ 15 centimètres, avec un intervalle d'un
décimètre entre chaque pied ; on l'enterre à
5 ou 6 centimètres, et on la recouvre autant
que possible de bon terreau ; on arrose jusqu'à
ce que le plant soit levé, et même après, si
c'est nécessaire ; on éclaircit et on donne quelques légères façons.

Le semis a lieu soit au printemps en février, mars ou avril, soit en été, en juin, juillet
ou août. Le semis de printemps donne des racines bonnes à manger depuis l'automne jus-

qu'à la fin de l'hiver : elles restent en place sans craindre la gelée, et on ne les arrache qu'à mesure qu'on en a besoin. Les semis d'été ne produisent que l'année suivante.

Radis. — Il est peu de légumes plus communs que les radis et dont on fasse une plus grande consommation ; mais aussi il en est peu dont la culture soit plus simple et plus facile, sauf le cas cependant où on veut les avoir comme primeurs.

Les radis se plaisent sur un sol ferme et un peu frais. Néanmoins ils réussissent sur un terrain léger pour peu qu'on ait soin de le piétiner, de le tasser en semant, à l'effet de lui donner plus de consistance. On peut en récolter presque toute l'année.

Si vous tenez à en avoir de bonne heure en pleine terre, semez dès le mois de mars sur une plate-bande garnie de terreau ; semez-les seuls, ou avec des oignons, ou bien avec des laitues à repiquer ; que la graine soit légèrement recouverte ; arrosez quelquefois, puis éclaircissez, en enlevant les plus avancés pour laisser grossir les autres.

En été, semez de la même manière, mais choisissez une position un peu ombragée ; arrosez largement et souvent, si vous voulez empêcher que la chaleur ne les fasse durcir ou ne les rende creux.

Radis noirs. — Parmi les nombreuses variétés de radis, je vous citerai le radis noir qui a la forme et la grosseur du navet. Il se sème de juin en août et ne se récolte qu'à l'automne pour être consommé pendant l'hiver. Il lui faut un terrain frais, léger, et beaucoup d'eau en été ; mais il reste toujours dur. C'est un aliment qui ne convient qu'aux estomacs robustes.

Oignons. — L'usage des oignons est généralement répandu. Il n'est guère de ménages où chaque année on n'en consomme une certaine quantité. Vous aurez donc aussi à préparer votre petite provision.

Ces légumes, en général, se reproduisent de semis sur place ou par transplantation. La terre doit être riche, moins forte que légère, et fumée un an à l'avance, à moins que le fumier ne soit à l'état de terreau. Vous labourez au commencement de février ; vous laissez le sol se raffermir pendant environ trois semaines, et vous semez dans la première quinzaine de mars sur planche et à la volée. Mais auparavant vous piétinez le terrain pour le tasser; vous recouvrez la graine d'un peu de terreau, vous passez ensuite le rateau, et vous piétinez encore.

Aussitôt que les oignons commencent à pousser, vous leur donnez force arrosages pour les préserver de la sécheresse. Un peu plus tard vous les sarclez avec précaution, et vous éclaircissez si le plant vous paraît trop serré. Ils mûrissent à l'automne. Quelquefois alors il est utile, pour en hâter l'accroissement et la maturité, d'en rompre les fanes ou la tige à partir de la base.

Dès que vous vous apercevez qu'ils sont mûrs, vous les arrachez par un beau temps. Vous les laissez se ressuyer un peu sur place, et quand ils sont bien secs vous les rentrez en ayant soin de les mettre à l'abri de l'humidité.

La culture par transplantation n'est pas plus difficile. Il suffit de repiquer sur planche, à environ 12 centimètres en tout sens, le plant qui provient de semis et qu'on se procure aisément chez les jardiniers. Vous arrosez, vous sarclez comme dans le premier cas, et vous obtenez souvent de plus beaux produits.

Parmi les différentes variétés d'oignons, je vous signalerai l'*oignon blanc hâtif*, qui se sème pendant l'été, en juillet ou en août, pour être transplanté en octobre. On le couvre pendant l'hiver, et au printemps suivant il recommence à végéter. On le récolte à demi formé en mai et en juin, pour s'en servir à défaut d'autres.

On cultive aussi, sous le nom d'*oignon blanc de Florence,* un petit oignon rond, de fort bon goût, que l'on confit au vinaigre pour le manger avec des cornichons; seulement il ne faut pas attendre qu'il soit complètement mûr pour le récolter.

Poireaux. — Le poireau est un légume d'une culture simple et peu coûteuse; aussi se rencontre-t-il dans tous les potagers. Il vient d'autant mieux qu'il est sur un sol plus riche bien préparé et fumé au moins six mois à l'avance. Le fumier froid lui profite peu, il préfère le fumier chaud; il s'accommode des cendres lessivées et des engrais végétaux.

Il réussit rarement par le semis; il gagne à être transplanté. Vous semez du mois de mars au mois de juin en lignes ou en pépinière, et dès que le plant a la grosseur d'un tuyau de plume, vous le transplantez sur planche en rayons à un décimètre de profondeur et à environ 15 centimètres en tout sens. Vous avez soin auparavant de raccourcir les feuilles et les racines, vous arrosez largement surtout pendant la sécheresse; enfin vous donnez pendant l'été de fréquents binages. Quelques jardiniers prescrivent encore de rogner dans le cours de la végétation plusieurs fois l'extrémité des feuilles pour faire grossir la tige.

Les poireaux se récoltent à mesure qu'ils arrivent à une grosseur suffisante et selon le besoin de la consommation. Ils se conservent à la cave comme d'autres légumes, et passent même l'hiver en terre sans le moindre inconvénient.

Ail. — L'ail sert à la préparation de certains aliments. Il se plaît à l'exposition du midi, sur un terrain bien façonné, plutôt sec que trop humide, et fumé depuis un an.

Il se multiplie par les caïeux ou gousses qui en forment la tête et qui sont renfermées dans une enveloppe commune. Vous les plantez en bordure, au printemps, la pointe en haut, à une profondeur de 7 à 8 centimètres et à une distance de 12 à 15. Vous binez un peu et vous arrosez légèrement.

Au mois de juin, vous tordez, vous nouez la tige pour arrêter la floraison de la plante et pour favoriser l'accroissement des gousses.

Vous attendez pour les arracher que les fanes soient desséchées; vous les liez ensuite en petites bottes, vous les laissez quelque temps au soleil, puis vous les serrez dans un endroit bien sec.

Echalote. — J'ai peu à vous dire de l'échalote; sa culture est la même que celle de l'ail; elle demande le même terrain, les mêmes soins; elle se plante à la même époque, un peu moins profond et les têtes un peu plus serrées. On la récolte en juin ou juillet, quand elle est bien sèche, et on la met à l'abri du froid et de l'humidité.

QUESTIONNAIRE.

Qu'est-ce que le salsifis?

Quel sol convient à sa culture?

Comment se sème-t-il?

Quels soins exige le jeune plant?

Quelles sont les époques du semis et de la récolte?

Quel sol convient aux radis?

Quand et comment se sèment-ils?

Quelles précautions demandent les semis d'été?

Quand et comment sème-t-on le radis noir? Quel terrain lui faut-il?

Comment se reproduisent les oignons?

Comment le sol doit-il être préparé?

Quand et comment s'exécutent les semis?

Quels soins d'entretien réclament-ils?

Comment peut-on hâter la maturité des oignons?

Quand se récoltent-ils, et comment les conserve-t-on?

Comment se pratique leur culture par transplantation?

Quelles sont les meilleures variétés d'oignons ?

Quel sol convient aux poireaux ?

Quels engrais préfèrent-ils ?

Quand et comment les sème-t-on ?

Gagnent-ils à être transplantés ?

Comment se transplantent-ils ?

Comment les récolte-t-on ?

Comment se cultivent l'ail, l'échalote ?

CHAPITRE DIX-SEPTIÈME.

LÉGUMES CULTIVÉS POUR LES FRUITS OU POUR LES GRAINS.

Quarante-deuxième Leçon.

Melons, — Potirons, — Concombres.

Melons. — Je vous entretiendrai aujourd'hui, mes enfants, d'une plante qui donne un fruit délicieux, assez rare à la campagne : je veux parler du melon. Cette plante, il est vrai, coûte quelques soins ; mais quand elle réussit, ces soins sont bien payés.

Il y a des melons de primeur, c'est-à-dire destinés à être mangés de bonne heure. On les cultive même en hiver, dans des serres ou sur des couches échauffées par des moyens artificiels : c'est ce qu'on appelle culture forcée. Ce n'est pas celle que je vous proposerai, elle n'appartient qu'aux jardiniers de profession. Nous nous bornerons à la culture ordinaire, qui est beaucoup plus facile et beaucoup plus simple.

Le semis a lieu au mois de mars, sur couche chaude, sous cloche ou sous châssis; la graine s'enterre soit à même la couche, soit dans des petits pots garnis de terreau qu'on y plonge ensuite. Chaque pot doit contenir au moins deux pieds dont on ne conserve que le plus vigoureux. Ce dernier mode de semis a l'avantage de protéger les jeunes racines qui auraient à souffrir de la transplantation.

Dès que le plant a acquis une certaine force, on le lève ou on le dépote avec précaution, et on le replante sur une autre couche avec une distance d'au moins 80 centimètres entre chaque pied. On l'arrose légèrement pour lier la motte à la terre; on le recouvre de cloches qu'on barbouille de terre glaise pour le garantir pendant les premiers jours des rayons du soleil.

Lorsqu'il est bien repris, on lui donne graduellement de l'air et de la lumière en soulevant peu à peu les cloches, qu'on finit par faire disparaître quand il est assez fort, et que le temps est suffisamment chaud.

Cette culture se simplifie quand la saison est plus avancée. Ainsi au mois de mai le semis réussit en place sur couche sourde, mais toujours protégé par des châssis ou des cloches, jusqu'à ce que le plant soit suffisamment développé. On a soin de mettre plusieurs pieds sous la même cloche, pour n'en garder ensuite qu'un ou deux des mieux préparés. Quand la reprise est bien assurée, on coupe les autres au collet avec des ciseaux, sans toucher aux racines de ceux qui restent.

Après le semis et la transplantation vient la taille, opération non moins importante. Elle a pour but d'empêcher la tige principale de croître trop rapidement dans le même sens; elle arrête la sève, la fait refluer sur les yeux placés à l'aisselle de chaque feuille, qui se développent en branches latérales; enfin elle rend la fructification plus prompte et plus abondante.

La taille du melon consiste à étêter la tige et à pincer les premiers jets qui résultent de cette suppression. Voici comment elle s'effectue :

Aussitôt que le plant a poussé sa quatrième

feuille, vous pincez avec l'ongle du pouce la tige au-dessus de la deuxième, en ménageant les yeux qui pointent autour de cette feuille. La plaie est recouverte d'un peu de terre qui empêche la déperdition de la sève.

Les yeux se développent et produisent deux petites branches qui croissent jusqu'à la cinquième feuille, et que vous arrêtez en les pinçant au-dessus de la troisième. Il en résulte de chaque côté deux nouveaux petits rameaux que vous cessez de tailler.

Bientôt les fleurs paraissent, et peu à peu les melons se nouent; vous n'en laissez qu'un ou deux sur chaque branche, puis vous supprimez tous les jets inutiles, et vous arrêtez la sève à un œil au-dessus des fruits noués.

Vous glissez dessous une tuile ou une planchette pour les préserver de l'humidité du sol. Vous les disposez de manière à ce qu'ils reçoivent constamment les rayons du soleil; enfin, pour parfaire la maturation, vous les recouvrez d'une cloche, et vous les protégez contre la grêle, qui leur fait beaucoup de mal. Gardez-vous, par la chaleur, de leur donner trop d'eau; il suffit de les bassiner de temps en temps, c'est-à-dire de les arroser légèrement.

Voici, mes enfants, un autre mode de culture plus praticable à la campagne.

On creuse un trou d'un mètre de diamètre et de 50 centimètres de profondeur; on y entasse force fumier qu'on arrose et qu'on piétine en tout sens, on met par-dessus quelques centimètres de bonne terre mêlée à du terreau bien consommé, et on plante au milieu un pied de melon qu'on recouvre d'une cloche.

A défaut de cloche, on croise l'une sur l'autre, à angles droits, deux baguettes flexibles qu'on replie en demi-cercle et dont on enfonce les deux bouts dans le sol. On fixe par-dessus un grand papier huilé pour préserver le plant du soleil et de l'humidité; on le taille au fur à mesure qu'il se développe, et on obtient ainsi une belle récolte.

Vous reconnaissez que les melons sont mûrs quand ils exhalent l'odeur agréable qui leur est propre, et qu'ils prennent une teinte jaune assez prononcée entre les côtes. C'est le moment de les cueillir.

Nous en cultivons deux espèces : les melons brodés et les cantaloups.

Les melons brodés se distinguent à leur peau couverte de lignes saillantes, s'entre-croisant en forme de broderie. Ce sont les plus répandus, quoiqu'ils ne soient pas toujours d'une bien bonne qualité. Les plus estimés de cette espèce sont :

Le *melon maraîcher*, qu'on cultive en pleine terre aux environs de Paris;

Le *sucrin de Tours*, qui réussit parfaitement dans les terrains sableux.

Les cantaloups sont meilleurs et beaucoup plus recherchés; mais aussi ils exigent plus de frais de culture. Leur forme est déprimée, leur peau rugueuse, et leurs côtes sont très-prononcées. Ils tendent à se substituer aux melons brodés. Les plus généralement cultivés sont le grand et le petit *prescott*, dont on fait une assez forte consommation.

Potirons. — Le potiron, connu aussi sous le nom de *citrouille*, est très-commun; il lui faut peu de soins; il se garde pour l'hiver, et il offre une nourriture rafraîchissante. Voici comment il se cultive :

Vous creusez des fosses d'environ 50 centimètres de diamètre sur 40 de profondeur; vous remplissez le fond de 30 centimètres de fumier bien comprimé que vous recouvrez d'une couche de terreau.

Du 15 avril au 15 mai, vous semez dans chaque fosse deux ou trois graines, mais vous

ne conservez qu'un plant, le plus robuste.
Bientôt ce plan s'allonge, les fleurs se montrent et les fruits se nouent. Vous n'en laissez
que deux ou trois sur chaque pied ; vous pincez la tige à trois feuilles au-dessus du dernier ; vous la débarrassez de tous les rameaux
inutiles, et vous arrosez aussi copieusement
que possible.

Un excellent moyen de faire grossir le fruit,
c'est de recouvrir de terre la portion de la tige
qui rampe sur le sol ; elle s'y enracine promptement et y puise une nouvelle sève qu'elle
fournit à la plante.

On peut aussi semer sur couche, du 15 mars
au 15 avril, pour transplanter du 1er au
15 mai ; seulement il faut, lors de la mise en
place, arroser largement, surtout s'il fait un
peu chaud.

Vous n'oublierez pas que le potiron, comme
le melon, demande pour mûrir à être exposé
aux rayons du soleil, et qu'il est prudent de
l'isoler du sol en l'appuyant sur une tuile.

Concombres.— Le concombre sert au même
usage que le potiron. Cependant il y en a une
espèce, le petit concombre vert, qui se mange
confit dans le vinaigre sous le nom de *corni-*

chon. C'est cette espèce que je vous conseille de cultiver : elle vient facilement en plein air.

Au mois de mai vous creusez une fosse plus ou moins large, de 30 centimètres de profondeur, que vous remplissez de fumier ; vous étendez par-dessus un bon lit de terre mêlée de terreau, et là vous semez votre graine. Cette graine pousse vite. Le plant se ramifie naturellement s'il est bien arrosé, et chaque rameau donne quantité de fruits. Vous avez soin de les cueillir avant qu'ils soient trop gros : ils n'en sont que meilleurs et plus délicats. Les concombres se cultivent aussi, comme les melons, sur couche et sous châssis quand on veut obtenir des primeurs. Dans ce cas ils se sèment beaucoup plus tôt.

QUESTIONNAIRE.

Qu'appelle-t-on melons de primeurs ?

Comment se cultivent les melons semés en mars ?

Comment a lieu le semis au mois de mai ?

Quel est le but de la taille des melons ? en quoi consiste-t-elle ?

Quels soins exigent-ils quand les fruits sont noués ?

Indiquez un mode de culture plus praticable à la campagne.

Comment peut-on suppléer au défaut de cloches ?

A quoi reconnaît-on la maturité du melon ?

Quelles sont les espèces de melons qu'on cultive le plus ?

Quelles sont les principales variétés de melons brodés et de cantaloups ?

Quels avantages offre le potiron? Quand le sème-t-on?

Comment traite-t-on le plant quand les fruits sont noués?

Comment peut-on les faire grossir?

Peut-on les semer sur couche et les transplanter?

Quel est l'usage du concombre?

Qu'est-ce que le cornichon?

Quelle est la manière de cultiver les concombres?

Quarante-troisième Leçon.

Haricots, — Pois, — Fèves.

Haricots. — Vous savez, mes enfants, comment se cultivent en plein champ les haricots destinés à être récoltés secs. Mais il faut aussi que vous puissiez en manger en vert. C'est un mets délicieux; or, les deux espèces que vous connaissez, les haricots à rames et les haricots sans rames, fournissent des variétés également propres à cet usage. Les principales sont, parmi les haricots à rames :

Le haricot *de Soissons* à grains blancs, gros et plats; c'est le plus généralement cultivé;

Le haricot *sabre*, excellente variété, également propre à être consommé vert ou sec;

Le haricot *de Prague,* ou pois rouge, à grains ronds farineux et d'un fort bon goût;

Le haricot *d'Alger*, à grains arrondis et noirs, très-tendre en vert et sans filets ;

Le haricot *Riz,* à grains blancs et petits, estimé surtout comme légume sec.

Parmi les haricots sans rames :

Le haricot *flageolet,* variété hâtive, d'une excellente qualité, à grains blancs, allongés;

Le *Soissons nain,* à gros pied; il a le grain et les cosses de celui de Soissons à rames;

Le *Sabre nain* à cosses longues et traînantes; il se plaît sur un sol sec et léger;

Le *Nain de Hollande,* le plus hâtif et le plus estimé comme primeur.

Ces sortes de légumes sont sensibles au froid; on ne les sème qu'à partir du mois de mai, en touffes, si le terrain est léger, et en lignes, s'il est humide et argileux. Les carrés doivent être fumés et préparés d'avance.

Vous tracez au cordeau et à la houe de petites raies parallèles peu profondes, espacées de 30 à 40 centimètres. Vous y distribuez grain à grain, si vous semez en lignes, vos haricots à 5 ou 6 centimètres de distance. Si vous semez en touffes, vous en mettez 6 ou 7 pour chaque pied avec un intervalle qui varie de 25 à 40 centimètres. Vous recouvrez ensuite avec le dos du rateau et vous unissez bien la surface du sol. Cette opération se fait aussi au plantoir. Un peu de cendres ou de poussière de charbon répandue sur ce semis y produit un excellent effet.

Quelque temps après que le plant est levé, on pratique un léger binage qu'on renouvelle un peu plus tard pour chausser le pied ; seulement il faut éviter de travailler quand les feuilles sont mouillées : on s'exposerait à les faire rouiller et à nuire ainsi à la récolte.

Dès que les haricots à rames sont un peu grands, vous plantez près de chaque touffe des perches d'environ 1 mètre 50 de hauteur pour y faire grimper les tiges. Vous les inclinez légèrement vers le centre de la planche, afin qu'elles résistent mieux à la violence du vent.

Les haricots croissent assez inégalement. Les uns sont bons à manger quand les autres fleurissent à peine. Il faut prendre garde, en les cueillant, de secouer trop fortement les tiges, vous feriez tomber les fleurs, qui tiennent peu ; il vaut mieux les détacher un à un en coupant les queues avec l'ongle du pouce, de manière à ne produire aucune secousse. Au bout de quelque temps, ils finissent par durcir ; on laisse alors sécher ceux qui restent pour les récolter en grain.

Petits-pois. — On nomme petits-pois certaines variétés de pois particulièrement cultivés dans les jardins, et qu'on mange tendres et verts. C'est un mets exquis, que tout le monde aime et recherche.

Nous en distinguons deux sortes : les *pois à écosser,* ceux dont on mange le grain, et les *pois mange-tout,* ceux dont on consomme la cosse verte avec le grain qu'elle contient. Ces derniers sont les moins répandus ; on donne la préférence aux premiers, qui se divisent en précoces et en tardifs. Je vous citerai :

Parmi les précoces :

Le *pois Michaux,* ou petit-pois de Paris, d'un fort bon goût, qui veut être ramé ;

Le *nain hâtif,* le plus précoce des pois nains ; il ne s'élève qu'à 40 ou 50 centimètres ;

Le *nain de Hollande,* à petits grains, à petites cosses, et toujours d'un bon rapport.

Parmi les tardifs :

Le *pois Clamart,* pois à longue tige, estimé pour son excellente qualité ;

Le *pois de Marly,* un des plus productifs, et qui exige de longues rames.

Je vous citerai encore le *gros pois vert*

Normand, à tige très-élevée, destiné à être mangé sec, et qui donne des produits très-abondants.

Ces légumes sont peu difficiles sur le choix du terrain; cependant ils préfèrent un sol léger et sablonneux; il faut éviter de les ramener avant trois ou quatre ans sur la même planche, et surtout de les semer immédiatement après le fumier. Un peu de cendres sur le semis les fait croître plus vite, et ajoute même à leur qualité.

Les pois de jardin se sèment ordinairement en mars ou en avril, et même en mai ou en juin, quand il ne fait pas trop sec. Si vous semez un peu de bonne heure, vous choisissez une planche à bonne exposition ou une plate-bante bien abritée. Vous distribuez vos semences en touffes ou en lignes, avec un intervalle de 20 à 25 centimètres dans ce dernier cas, et de 30 à 40 dans le premier; vous mettez de 5 à 6 grains par touffe, et de 25 à 30 centimètres de distance entre chacune. Ces proportions, du reste, varient selon la nature du terrain et selon la saison où se fait le semis.

Quand le plant est levé, vous donnez un binage soigné, après quoi, si ce sont des pois

nains, vous n'avez plus, sauf quelques arrosages, à vous en occuper jusqu'au moment de
récolter. Il est bon quelquefois, quand il y a
trop de fleurs sur la tige, de la rogner un peu
pour en supprimer une partie. Cette suppression a pour effet de concentrer la sève sur les
cosses du bas et du milieu, et de faire grossir
le grain.

Après le binage, les espèces à longues tiges
ont besoin d'être soutenues par des rames.
Vous plantez ces rames assez près les unes des
autres dans une position un peu inclinée, de
manière à ce qu'elles se prêtent un mutuel
appui.

Les pois ne fleurissent pas tous au même
instant sur la même planche, ce qui fait qu'ils
n'arrivent à leur maturité que les uns après
les autres. Je ne saurais trop vous engager à
les cueillir avec précaution. La tige est tendre
et délicate, et cède au moindre effort; et si la
plante, chargée de cosses à moitié pleines et
de fleurs prêtes à s'ouvrir, est rompue ou ar-
rachée, la récolte a nécessairement à en
souffrir.

Fèves. — J'aurais pu, mes enfants, me
dispenser de vous entretenir des fèves. C'est

une plante qui appartient plutôt à la grande culture qu'à la culture potagère. Cependant, comme on en voit dans quelques jardins, je crois devoir vous en dire un mot.

Les fèves s'accommodent de toute espèce de sol; mais ce qui leur convient le mieux, c'est un terrain un peu fort, frais, bien fumé et bien façonné. Vous pouvez les semer du 15 février au 15 mars, soit en rayons, soit par touffes. Vous en mettez trois ou quatre par touffe avec une distance de 25 à 30 centimètres entre chacune, et à peu près le même intervalle entre chaque rayon.

Quand le plant est sorti de terre, vous lui donnez un premier binage, que vous renouvelez quelque temps après; vous avez soin de chausser le pied pour le rendre plus fort et plus vigoureux.

Dès que vous voyez la tige se garnir de cosses, vous en retranchez le sommet avec les fleurs qui doivent rester improductives. Cette suppression arrête la sève. la fait refluer sur les cosses inférieures, où elle hâte la formation du grain et contribue beaucoup à le faire grossir.

Parmi les meilleures fèves que vous puissiez cultiver, je vous citerai la *fève de marais* et la *petite fève julienne*, espèce tout-à-fait naine, d'une excellente qualité.

QUESTIONNAIRE.

Quelles sont les meilleures variétés de haricots?

Quand se sèment-ils, et comment se pratique le semis?

Quelles façons exigent-ils après la levée du plant?

Comment dispose-t-on les rames?

Quelles précautions doit-on prendre quand on les cueille verts?

Qu'appelle-t-on petits-pois?

Combien y en a-t-il d'espèces? Citez-en quelques variétés.

A quelle époque se sèment les petits-pois? Comment se fait le semis?

Quels soins d'entretien leur donne-t-on?

Quel est le terrain qui convient aux fèves et comment les cultive-t-on?

——o—FIN—o——

TABLE DES MATIÈRES.

— 212 —

FIN DE LA TABLE DES MATIÈRES.

Troyes, ANNER-ANDRÉ, Imprimeur de la Préfecture.

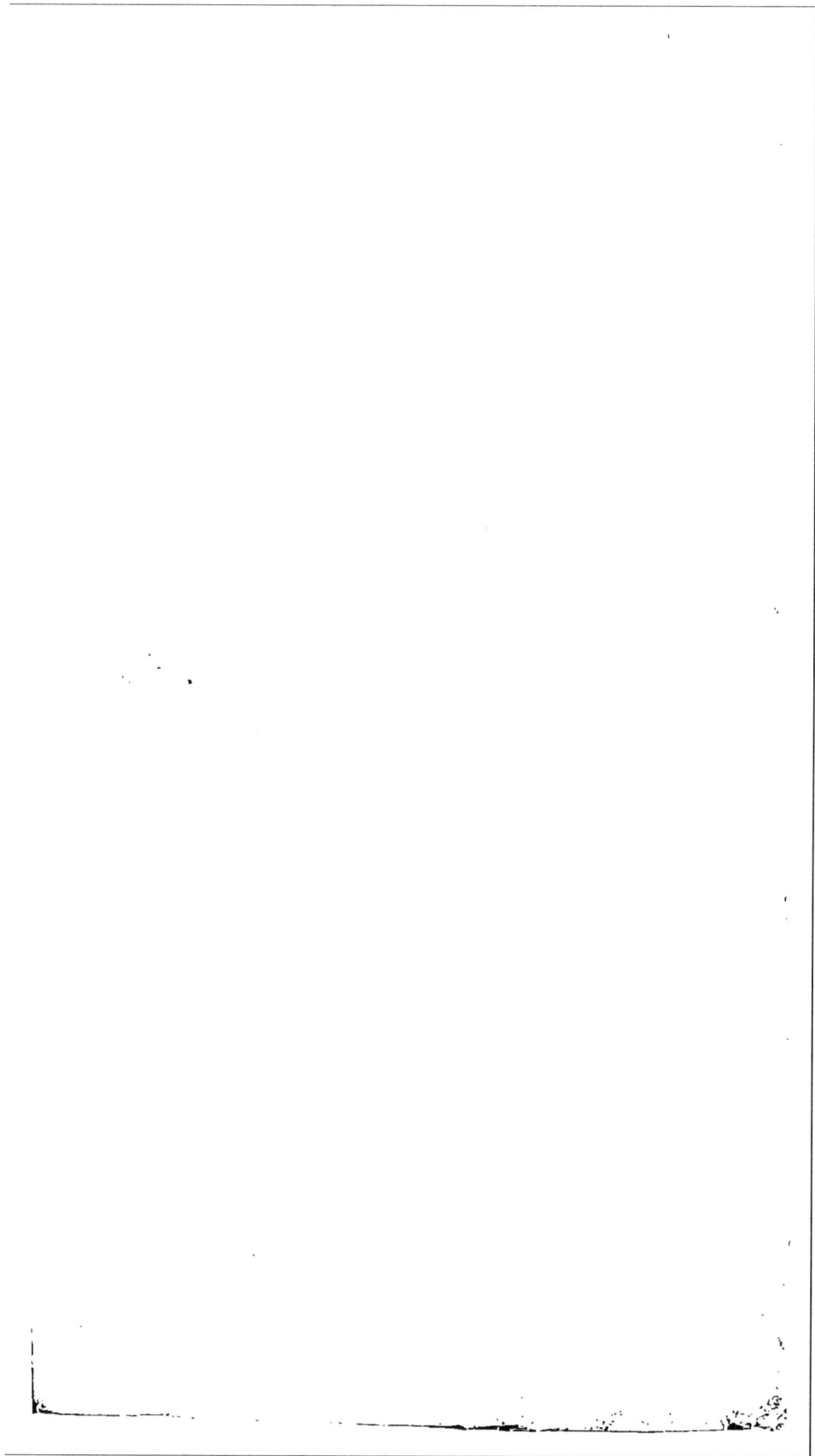

BOULIER DES ÉCOLES,

NOUVEAU SYSTÈME ADMIS A L'EXPOSITION UNIVERSELLE DE LONDRES

—

PAR M. L. FOSSEYEUX,

Inspecteur primaire,

Chevalier de la Légion-d'Honneur.

———

Ce système a sur l'ancien un avantage incont[...]
La disposition verticale des Boules permet, au [...]
d'indications qui figurent sur quatre coulisse[...]
placées au-dessous, de donner en quelque s[...]
forme sensible et matérielle aux abstraction[...]
numération, de la multiplication et de la division [...]
males, etc., etc. Un MANUEL accompagne l'[...]
et fait connaître tout le parti qu'on en peut tir[...]
initier les enfants aux premiers éléments du c[...]

———

www.ingramcontent.com/pod-product-compliance
Lightning Source LLC
Chambersburg PA
CBHW070520200326
41519CB00013B/2872